ZHONGGUO JIANZHU DE
LISHI LIUBIAN YU XIANDAI FAZHAN

中国建筑的
历史流变与现代发展

王作文　孟晓平　李宛河　｜　著

四川大学出版社

项目策划：唐　飞
责任编辑：唐　飞
责任校对：段悟吾
封面设计：陈　勇
责任印制：王　炜

图书在版编目（CIP）数据

中国建筑的历史流变与现代发展 / 王作文，孟晓平，
李宛河著．— 成都：四川大学出版社，2018.5
　ISBN 978-7-5690-1826-4

　Ⅰ．①中… Ⅱ．①王… ②孟… ③李… Ⅲ．①建筑史
—研究—中国 Ⅳ．① TU-092

中国版本图书馆 CIP 数据核字（2018）第 102280 号

书名　中国建筑的历史流变与现代发展

著　　者　王作文　孟晓平　李宛河
出　　版　四川大学出版社
地　　址　成都市一环路南一段 24 号（610065）
发　　行　四川大学出版社
书　　号　ISBN 978-7-5690-1826-4
印前制作　河北宁远文化传播有限公司
印　　刷　四川盛图彩色印刷有限公司
成品尺寸　170mm×240mm
印　　张　11.5
字　　数　219 千字
版　　次　2019 年 7 月第 1 版
印　　次　2019 年 7 月第 1 次印刷
定　　价　58.00 元

◆ 读者邮购本书，请与本社发行科联系。
　电话：(028)85408408/(028)85401670/
　(028)86408023　邮政编码：610065
◆ 本社图书如有印装质量问题，请寄回出版社调换。
◆ 网址：http://press.scu.edu.cn

四川大学出版社
微信公众号

前　言

　　建筑是人们日常生活必需的场所。据相关文字记载,人类从事建筑活动的历史已有 7 000 多年了。在人类社会不断发展的漫长过程中,建筑设计也一直受到时间、场地、尺度、材料、气温等各种因素的影响。不同时期的建筑形式,往往会由于政治哲学、宗教信仰等因素产生差异。

　　学习建筑史方面的知识,是人们了解城市建设、地方文化、建筑发展的基本途径。建筑史知识是规划设计、建筑设计、室内设计、装饰设计等领域的设计人员必须具备的知识素养。本书通过对中国建筑史的发展脉络进行梳理,以期为建筑事业的发展贡献一份绵薄之力。

　　本书脉络清晰,结构完整,共分为七章。第一章对中国建筑进行概述,研究内容包括建筑的属性与构成要素、中国建筑史研究分期与研究方法。第二章研究的是原始社会、奴隶社会、秦代及汉代的建筑。第三、四、五、六章分别研究的是三国、晋、南北朝时期的建筑,隋唐时期的建筑,五代、宋、辽、金时期的建筑,元、明、清时期的建筑。第七章研究的是近现代的中国建筑,具体内容包括近代中国建筑的发展历程与历史地位、现代中国建筑的发展历程与建筑类型。

　　本书在撰写的过程中,参考并借鉴了一些专家、学者的观点及相关的文献论著,在此向他们致以诚挚的谢意。此外,由于编者的学术水平及掌握的资料有限,书中难免会出现疏漏之处,真诚地希望各位读者朋友和专家学者予以批评指正。

编　者

2018 年 9 月

目　　录

第一章　中国建筑概述

　　建筑泛指建筑物和构筑物,建筑作为人们生活中的庇护所,在自然及社会体系中扮演着举足轻重的角色。中国建筑经过漫长的发展过程,形成了独特的建筑体系。本章主要研究建筑的属性与构成要素以及中国建筑史研究分期与研究方法。

第一节　建筑的属性与构成要素

一、建筑及其基本属性

(一)建筑基础知识

　　对一般人来说,建筑就是房子。但当人们接触建筑并把它当作一门学问来研究时,就会产生怀疑。房子是建筑物,但建筑物不仅是房子,它还包括不是房子的一些对象。例如,纪念碑是建筑物但不能住人,不能说是房子;传统建筑中的砖塔也属于建筑物,但同样不能说成是房子。下面对建筑进行详细的论述。

1.建筑就是房子

　　当人们把建筑当作一门学问来研究时,会发现"建筑就是房子"的说法是不确切的。房子是建筑物,但建筑又不仅仅只是房子,它还包括不是房子的对象,如纪念碑、塔等。纪念碑和塔不能住人,不能说是房子,但是都属于建筑物。这个问题比较混沌、模糊,但是人们对这些不是房子的建筑物已经有所了解了。

2. 建筑就是空间

房子是空间,这一点是无疑的。而那些不属于房子的纪念碑、塔等对象也是空间吗? 事实上,两者的实体与空间的关系是相反的。房子是实体包围着空间,而纪念碑是空间包围着实体。前者是实空间,后者则是虚空间。实空间和虚空间都是人类活动的场所。因此,认为建筑就是空间这种说法是有一定道理的。

3. 建筑是住人的机器

现代建筑大师勒·柯布西耶曾经说过:"建筑是住人的机器。"他指出建筑应该是提供人活动的空间,包括物质活动和精神活动等。

4. 建筑就是艺术

18 世纪的德国哲学家谢林曾经说过,"建筑是凝固的音乐"。后来,德国的音乐家豪普德曼认为,"音乐是流动的建筑"。这些认识无疑是把建筑当作艺术来看待。但建筑不仅仅具有艺术性,建筑与艺术二者具有交叉关系(见图 1-1)。建筑还具有其他属性,如技术性、空间性、实用性等。而艺术领域不单纯只有建筑,还包括绘画、雕塑、诗歌、戏剧等。

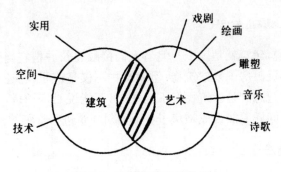

图 1-1　建筑与艺术的关系

5. 建筑是技术与艺术的综合体

被誉为"钢筋混凝土的诗人"的意大利著名建筑师奈尔维认为:"建筑是技术与艺术的综合体。"其设计的罗马小体育宫所运用的波形钢丝网水泥的圆顶薄壳既是结构的一部分,又是建筑造型的重要元素,在造型设计中发挥着美学功效。此外,建筑大师赖特认为:"建筑是用结构来表达思想的,有科学技术因素蕴含其中。"

　　建筑是一个时代,是一定的社会经济、技术、科学、艺术的综合产物,是物质文化与精神文化相结合的独特艺术。它作为一个物质实体,占有一定的空间,并耸立于一定环境之中。一个独立的建筑体,其本身必须具有完整的形象,但决不能不顾周围环境而独善其身。建筑的个体美融于群体美之中,与周围环境相得益彰,形成了有机联系的建筑空间环境。

(二)建筑的基本属性

　　建筑的原始含义是"庇护所"。从组成角度分析,建筑是由有形的实体与无形的虚空形成的空间;从时空角度分析,建筑是由三维的空间实体与时间组成的统一体。如上所述,建筑有着十分丰富的内涵,这些内涵可以通过其诸多属性表现出来。建筑的基本属性包括以下几个方面。

1.实用性

　　建筑是为了满足人们生产和生活需要而建立的,所以它首先是一个实用对象,应该具有与其使用功能相适应的空间尺度、合理的室内空间布置、必要的家具设施、良好的物理环境条件等。

2.技术性

　　科学技术和物质生产是社会发展中最活跃的力量,它们不但推动社会的进步,而且直接推动建筑的进步。科学技术不但是现实建筑构成的保障,同时也为建筑开辟新领域,包括新的建筑类型和形制的产生,为建筑提供新的物质基础,并为建筑提供不断发展的可能性。

3.艺术性

　　建筑的艺术性多指建筑的形式或建筑的造型问题。建筑虽然是一个使用对象,但它需要通过具体的形象表现出来。建筑的艺术具有相对独立性,它有自己的一套规律和法则。

4. 时空性

从建筑作为客观的物质(空间)存在来说,建筑的时空特性具有两方面含义:一是它的实体与空间的统一性,二是它的空间和时间的统一性。

5. 民族和地域性

不同民族有着不同的建筑形式。这是因为人们的生活方式、风俗习惯、宗教信仰等因素的不同形成的;不同地域也有着不同的建筑形式,这是因为气候、地貌、生态、自然资源等因素的不同形成的。

6. 社会性

建筑是社会赖以生存的物质基础之一,它的产生与发展依赖于社会的生产力,同时它也是社会制度和社会意识形态的物质表征,也就是说在一定的社会历史发展阶段,社会创造了建筑,反过来建筑也影响着社会。

(1)建筑与各种社会制度的关系。

民主制度下的建筑与专制制度下的建筑明显不同。现代建筑在民主制度下蓬勃发展,而在专制制度下却被压制,这说明社会制度对建筑的发展起着一定的制约作用。

(2)建筑与社会意识的关系。

我国传统建筑中反映的封建伦理观念、唯心观念、迷信思想,都从一定的角度说明社会意识对建筑发展的积极或消极作用。

(3)建筑与各种社会问题的关系。

现代建筑的蓬勃发展映射出许多社会问题,如人口问题、住宅问题、犯罪问题、社会老龄化问题、就业问题、青少年问题等,这些问题如果不能得到妥善解决,势必会影响建筑业的发展。

二、建筑的构成要素

早在公元前 1 世纪,古罗马建筑师维特鲁威就在其论著《建筑十书》中表示,"实用、坚固、美观"是构成建筑的三大要素,而这三要素又通过建筑技术、建筑功能以及建筑的艺术形象三个方面体现出来。建筑的构成要素主要包括建筑技术、建筑功能以及建筑的艺术形象三个方面的内容。

（一）建筑技术

建筑技术是建造房屋的手段,它包括建筑材料、建筑结构、建筑物理、建筑构造、建筑设备与建筑工程施工技术等各项技术保障。

建筑结构是建筑的骨架,它为建筑提供所需的各类可能空间,承受建筑物的全部荷载,并抵抗由于风雪、地震、土壤沉降、温度变化等因素可能对建筑造成的破坏,确保建筑使用的安全稳定和坚固耐久。建筑材料对于建筑结构的发展意义重大,如钢筋混凝土的出现促进了高层框架结构的发展,新塑胶材料的出现使大跨度的帐篷结构成为可能。同时,建筑材料对建筑装修与构造也是十分重要的。建筑中的给水、排水、照明、采暖、通风等设施提供了建筑的基本使用条件。除此之外,空调系统、监控系统、建筑智能化系统等进一步提高了生活的质量。建筑设备的不断改进与完善是现代建筑发展的必然趋势。建筑物通过施工环节使设计变为现实。施工机械化、工厂化及装配化等手段不仅降低了建筑工人的劳动强度,也大大提高了建筑施工的速度。建筑物是由各种材料制成的构件、配件组成,以建筑构件选型、选材、安装工艺为主要内容的建筑构造方法,是建筑物使用安全与有效的可靠保障。

（二）建筑功能

建筑功能是指建筑的用途和使用要求。建筑功能的要求是随社会生产和生活的发展而发展的,不同的功能要求产生不同的建筑类型,不同的建筑类型有不同的建筑特点。建筑是为人们生活提供的专业场所,要营造这一场所,需要涉及多个学科与行业。由于建筑是人们天天接触并且十分熟悉的实体,所以对其使用功能和精神功能方面具有较高的期望与要求。

建筑类别十分多样,如住宅楼、办公楼、商场大厦、工厂、医院、科技馆、美术馆、电视塔等。其中,住宅楼是为了满足人们居住的需要,商场大厦是为了满足人们物质上的需求,科技馆、美术馆是为了满足人们精神生活上的需要。这些都是根据人们不同的使用要求而产生的功能不同的建筑类别,不同的建筑物又有着不同的建筑特点。建筑功能是建筑艺术设计的第一基本要素,一切的建筑设计来源都是实用,建筑功能在建筑设计中起主导作用。随着社会的发展,建筑功能也会随着人们的物质文化水平发展不断变化和提高。

（三）建筑的艺术形象

构成建筑艺术形象的因素,包括建筑群体和单体的体形、内部和外部的空间组合、立面构图、细部处理、材料的质感和色彩以及光影变化等。这些因素处理得当,便会产生良好的艺术效果,满足人们的审美要求。优秀的建筑设计,其建筑形象常常能反映时代的生产水平、文化传统、民族风格和社会精神面貌,表现出某种建筑的性格和内容。

人们将建筑视为一种空间艺术。其实建筑就是功能、技术、艺术三者的综合体,它具有物质功能和精神功能的双重性、空间与实体构件的矛盾性、时间与空间的变化性。在上述基本构成要素中,建筑功能是建筑的目的,建筑技术是实现建筑目的的手段,而建筑形象则是建筑功能、建筑技术和审美要求的综合表现。

功能、技术、艺术三者之中,功能常常是主导,对建筑技术和建筑形象起决定作用;建筑技术是手段,因而建筑功能和建筑形象受其制约;建筑形象也不是完全被动的,在同样条件下,有同样的功能,采用同样的技术,也可创造出不同的建筑形象,达到不同的审美要求。因此,优秀的建筑作品应当力求实现三者的辩证统一。

第二节　中国建筑史研究分期与研究方法

一、中国建筑史研究分期

（一）中国建筑史学的奠基期

中国建筑史的研究之路走过了几代人的脚步。由朱启钤先生创办的中国营造学社,是中国人主动地研究自己的建筑历史之开端。而在这一学术机构中的两根擎梁柱就是刘敦桢与梁思成先生。梁、刘两位先生在中国建筑史研究方面是各有特点的。这一点梁先生的弟子莫宗江先生特别说起过。莫先生认为,受过西方经典建筑教育的梁思成先生及其夫人林徽因先生,对于西方建筑历史的研究路数十分谙熟。梁先生主要走的是建筑考古与法式研究的路子。建筑考古,就是按照西方文艺复兴以来的传统路数,对重要的古建筑遗迹进行系统的测绘、考察、记录。因为要理解这些建筑实物,必须对古代建筑的规则有充分的把握,所以,梁先生特别着力于古典建筑法式制度的研究。对于这一点,从梁先生所做的大量建筑测绘考察及其撰著的《清式营造则例》和其后来从事的《宋〈营造法式〉注释》研究可看出来。

同样受过良好现代建筑教育的刘敦桢先生也十分重视考古学的建筑研究手段,并做了大量古建筑调查,这从刘先生的《大壮室笔记》《同治重修圆明园史料》《〈清皇城宫殿衙署图〉年代考》等许多有极深功力的文献中都可以看出来。因此,两位巨匠分别负责中国营造学社的两个最为重要的学术部门,刘先生负责文献部,梁先生负责法式部。此外,梁思成先生更关注古建筑的保护与从历史建筑中汲取建筑创作的元素。这从梁先生对曲阜孔庙、杭州六和塔所做的修葺保护和复原设计,从梁先生所写的《建筑设计参考图集序》以及参考图集每一集的简说,如《台基简说》《石栏杆简说》《店面简说》《斗拱简说》等中可窥见一斑,它们反映了梁先生对于将建筑历史研究服务于当前设计的热切心情。相比较之,如果说梁思成先生还保持了较多建筑师的热情与敏感,刘敦桢先生则更多地保持了史家的矜持、冷静与严肃。当然,将两人做截然相反的划分是不恰当的,梁思成先生具有深厚的史科与文献功底,而刘敦桢先生同样重视建筑案例的调研与研究,甚至亲自参与了古代园林的修复与设计。

所以,两位巨匠在各自秉持自己的学术文脉的同时,也都展现了其全面、综合的学术兴趣与深厚、广博的学术功力。刘敦桢与梁思成先生最为重要的功绩是奠定了中国建筑史的学理基础,并基本上确立了中国古代建筑史的学术框架。自中国营造学社以来,中国建筑史研究虽然已经历了半个多世纪的发展,但其基本的学术研究方法论、学术研究方向、学理范畴,都还是沿着梁、刘两位前辈学者所开拓的道路前进的。现今的研究,除了史料发掘得更为深入、建筑实例的考察更为细致、研究的视角更为拓展之外,其大致的研究方法还没有超出刘敦桢与梁思成先生已经实践过的范围。

(二)中国建筑史学的拓展期

中国营造学社作为一个学术机构,其学术贡献不仅在于奠定了中国建筑史的学科基础,为后来的中国建筑史研究指导了方向并拓展了道路,更重要的是,中国营造学社也是一个培养机构。在梁思成与刘敦桢两位巨匠的直接带领与指导下,中国建筑史学研究的第一代传承者在学社的影响下出现了,他们就是曾经做过两位先生助手的莫宗江、陈明达、罗哲文,以及曾经与梁先生等共事过的鲍鼎、刘致平、龙非了、王璞子、单士元等。他们除了在学社工作或与学社合作期间的学术成就外,在新中国成立后的 20 世纪 50 年代,为中国建筑史的拓展性研究也做出了重要贡献。特别是陈明达先生的研究,具有承上启下的作用。陈先生对于应县木塔的研究,以及他对《营造法式》大木作制度的研究,为后来的建筑史学者树立了一个既严谨求实又富有探索精神的典范。其他稍晚一些的重要学者,如赵正之先生、卢绳先生、祁英涛先生、杜仙洲先生等都在各自的领域,为中国建筑史学做出了自己的贡献。

20 世纪 50 年代,中国建筑史学的主要成就之一就是梁思成先生与刘敦桢先生主持的建筑理论与历史研究室,即今天的中国建筑设计院建筑历史研究所,当时分别在北京和南京设有分室。这一研究室的建立,使中国建筑史研究纳入了国家支持的研究范围。这一研究室的学者为中国建筑史的发展做出了贡献,不仅对中国古代建筑的保存现状做了一次普通的考察研究,确立了第一批全国重点文物保护单位与省级重点文物保护单位,初步摸清了中国古代建筑的保存状况,也对这一大批建筑实例进行了较为系统的研究。这一时期培养了一批中国建筑史学研究的中坚力量。

同时,这一时期活跃在高等院校中从事中国建筑史教学与研究的学者,包括潘谷西、郭湖生、刘叙杰、楼庆西、徐伯安、郭黛姁、陆元鼎、路集杰、侯幼彬等,都是在自己的研究领域孜孜以求的重要学者。他们的贡献不仅在于培养了大量建筑史学研究与教学的后来者,还更多地体现在他们通过严谨治学而获得的丰硕成果上。他们以自己的言传身教以及研究成果,直接地参与、引导并影响了 20 世纪 80 年代兴起的建筑史学研究。其中,郭湖生先生对于东方建筑的综合研究就是一个颇具视野的研究领域,为拓展中国建筑史学研究做出了贡献。这一时期最重要的学术成果就是刘敦桢先生主编的《中国古代建筑史》一书。梁思成先生的《宋〈营造法式〉注释》、刘敦桢先生的《苏州古典园林》都是这一时期的成果。同时,还有一本集体编写的《中国建筑技术史》,是稍晚于这一时期的成果。刘敦桢先生主编的《中国古代建筑史》集中了一个时代的半数研究成果,堪称典范之作。

(三)中国建筑史学的发展期

改革开放使中国建筑史的研究进入了重要的发展期。一方面,以傅熹年、潘谷西等为代表,无论是在建筑历史与考古研究机构中的学者,还是在高等学校的学者,都进入了最为旺盛的学术创造期。他们的学术积淀,在这一时期得到了充分的发挥。另一方面,改革开放初期培养的一批研究生、本科生,也恰好承续了这一发展潮流,出现了一大批中青年建筑史学者。这一批学者,既起到了绍继学术血脉的作用,使他们渐渐成为建筑历史教学与学术研究方面的骨干,也成为拓展建筑历史研究领域、活跃建筑历史学术氛围的中坚力量。这可以从近年来中国建筑史学方面的学术会议中人才济济的现象中看出来。

这一时期兴起的中国近代建筑史的研究,由清华大学汪坦教授提倡,并蔚为成风,在各个高校及一些地方文物部门形成了颇具影响力的研究队伍。中国近代建筑史研究的学术年会以及陆元热先生主持的中国民居建筑的学术年会,是中国建筑史学界最引人注目的两个重要例行学术会议,其成果令人颇为赞叹。这一时期最重要的成果是五卷本的《中国古代建筑史》和傅熹年等先生的一系列学术专著以及大批建筑史专著、论文集与文章。从这些学术专著与论文中,我们看到了十分开阔的学术视野、深入的史料挖掘和独到的学术见解。

(四)中国建筑史学的繁荣期

中国建筑史学学术发展的第三期与第四期是很难做出明确划分的。但是,自20世纪90年代以来,中国建筑史研究确实进入了一个十分活跃与繁荣的时期。这一时期的特点是关注建筑史学的人越来越多、报考建筑史的研究生明显增多、高校研究生中高质量的论文越来越多。

如果说20世纪80年代学生还更多地心仪国外,毕业后急于寻求出国的途径,90年代以来,特别是近20余年来,学生越来越将眼光放在中国自己的事物上,对中国建筑史的关注也成为情理之中的事情。近年来,中国建筑史领域的博士论文和硕士论文的数量与质量有了令人可喜的增长与提高。例如,清华大学、东南大学、天津大学等学校的建筑史学博士论文,其发掘文献之深、包含资料之丰、文献索引之规范、学术观点之深入与新颖,都是极其令人兴奋的。这当然与活跃在高校教学与研究第一线教师们的辛勤耕耘是分不开的,但同时也反映了一个时代的潮流。现在各个高校建筑历史学科的学子们,比起他们的学长有了更新的知识结构,同时也有了更适合于开展民族历史与文化研究的物质条件与资讯条件,以及对民族文化复兴的责任感与信心。

在数字时代,网络信息、电子资料为学术研究提供了便捷的研究手段。现在的年轻人可以在很短的时间内,将一个领域的学术研究动态与相关资料搜寻与整理出来,从而梳理出一个研究提纲。在研究过程中,无论是资料查询手段、图片搜集手段、照片摄制手段,都是极其便利与快捷的。过去的学者们要穷日经年、皓首穷经才能够搜集到的资料与文献,现在的年轻人很快就可以整理出来。研究手段的变化大大地拓展了我们的研究视野和研究空间。目前,各个高校的年轻教师以及博士后、博士研究生,已经形成了一个强有力的学术团队。

可见,中国建筑史研究更大高潮的出现是指日可待的。还要特别说明的一点是,这里的研究分期,主要是就中国内地的情况划分的,日本、韩国、美国、澳大利亚、新加坡等,都有一些从事东亚建筑史或中国建筑史研究的学者,他们都有很好的学术发展与成就,这里就不赘述了。这样粗略的学术分期,只是一个大致轮廓。

二、中国建筑史研究方法

(一)历史主义的研究

历史主义的研究注重总结性,讲求事物发展的连续性与规律性。在这里所说的"历史主义"只是一种研究方法,将事物的发展描述成一个连续的、有始有终的、有内在规律的完整过程。在这样一种研究方法的基础上,建筑历史的发展似乎总是存在明显的规律,如建筑物从结构到造型,再到某些部件的发展,都有明显的演进规律。结构从原始、简单、粗拙,到成熟、繁杂、精细,由经验性的技术摸索,到严谨科学的技术处理,如中国古代建筑中的斗拱呈现一种由简到繁、由大到小、由结构性作用到装饰性作用的发展过程;传统中国大屋顶举折曲线呈现由较平缓向较陡峻的发展过程;建筑结构从辽、金时期的有过减柱造、移柱造、内柱生起、柱侧脚,到没有减柱、移柱,没有生起、侧脚的结构发展阶段等。

实际上这种规律并不那么确定与明晰。以建筑结构发展为例,按照进步与发展的观点,结构应该渐趋合理,逐渐符合力学的科学原理。而事实却是明清时代的木结构建筑所呈现的建筑结构,无论是材料上还是结构方式上,从力学的角度而言,都明显落后于唐宋时期。如唐宋期间采用比较科学合理的高厚比为 3∶2 的梁断面,到清代时变成了 5∶6 的肥梁胖柱的形式;唐代屋顶梁架中使用符合三角形稳定性的"大叉手"的做法,到清代却变成对结构最不利的中心受集中力的"脊瓜柱"的做法。我们看不到进步,反而看到了倒退。而唐、辽时就已经成熟地运用到木楼阁与高层木塔建筑中的"筒中筒"式的"金箱斗底槽"式结构,在明清楼阁中却很少见到。即使从建筑的规模与高度上来看,明清木楼阁建筑也远逊于唐、宋、辽时期(唐宋时代见于史料的高层木塔不亚于尚存的辽代木塔)。

中国古代建筑,无论从结构技术上、建造规模上,还是从艺术风韵上,其最值得称道的时代不是近代时期,而是汉魏、唐宋时期。连清代学者顾炎武都感叹古代中国的城市,"宋以下所置,时弥近者制弥陋"。而我们曾津津乐道的所谓"减柱造""移柱造""生起、侧脚"等历史上的结构处理方法,也并不是建筑史中所描述的辽、金时期建筑发展的独特性、阶段性做法，而是结构上因地制宜的处理方式，在唐宋和明清的建筑中也时有发现。

宫殿建筑发展的研究也是一样。纵观中国古代宫殿建筑史，并没有一个十分确定的、连续发展的模式。即使在周代城市中，也没有一座按照《周礼·考工记》的理想模式建造的都城。周代的都城，是将君主居住的"城"与平民居住的"郭"分立而设的。"筑城以卫君，造郭以守民"显然是出于安全的考虑。春秋战国时代诸侯国的都城，出现了一些将君主居住的"城"与平民居住的"郭"相邻而建的城市格局。可能是先建造了"城"，城外聚居了一些手工业者与商贾之人。渐成规模后，又在其外加建了一道不规则的"郭"。而到秦、汉时代，帝王居住的"城"与平民居住的"郭"已混为一体。这时，宫殿的规模很大，数量也比较多，其在都城中的位置，更表现为一种随意布置的城市格局。

从三国曹魏到隋唐，出于封建礼制的考虑，开始将帝王居住的宫城有意识地设置在城市的中轴线上。但这时也并没有将宫城放在都城的中央，而是放在城市中轴线的北端，与禁苑紧密相连，这也是出于安全的考虑。唐代长安城后续建造的大明宫与兴庆宫都是缘于一些偶然因素。建造东内大明宫是因为原来的西内太极宫地势太低，夏季易受水淹且较潮湿，而唐高宗患有关节炎症，建造在都城东北龙首原上的大明宫恰好解决了这个问题。而兴庆宫是唐明皇的潜邸，他当了皇帝后还留恋这个较接近市井的地方，才将之改建成南内兴庆宫。隋代开始出现了皇城，因在这之前办公的衙署与民居混杂，十分不便，隋文帝初建大兴城时，就力图解决这一问题，而将衙署布置在宫城以南，并用皇城与普通里坊加以分隔。

北宋汴梁是唐之汴州州治所在，是第一座真正符合"三套方城，宫城居中"模式的都城，其外环绕内城随环境逐渐展拓，并没有成为建制。因而，其"三套方城"是一个逐渐扩展而形成的结果。

明清北京城看起来也是"共套方城，宫城居中"的格局，但却有许多的偶然因素影响。首先是元大都之旧，只是将南城端向南移了一些，使得宫城似乎居于城内偏中的位置，这可能是受了南京城的影响，但其宫城与皇城之外，通过千步廊直接外城城门，却是沿用了元代的旧制。而元代的这种做法，与元蒙习俗中将部落首领或可汗的毡帐置于整个族群中央的前端，并在其附近不能布置任何其他毡帐的习惯是密切相关的。这一点在 13 世纪时出使蒙古的西方人所写的文献中有明确的记载。后来，在明初北京城的基础上，又在城南加建了一个外城，主要是因为在当时的城南逐渐聚集了许多从事商业等活动的居民。只是由于财力等原因，才在东西门处草草了结，留下了今日老北京城"凸"字形格局，也使皇城与宫城居于北京城的中央。这其中虽然也有一些比附古籍的因素在起作用,但主要还是由一系列具体细微的因素所决定的。

至于北京宫殿采用的"左祖右社"的对称布局,也并不能简单地归结为宫城发展的历史必然。虽然早在《周礼·考公记》中就对"面朝后市,左祖右社"有所规定,但真正严格按照这一布局设计的,上迄周秦、汉唐,下至宋元,都没有发现完整的先例,只有明清北京城是严格按照这一格局设置的。然而,清代沿用明之旧制,而明建北京,"悉如南京之制,而高敞壮丽过之",可知其左祖右社的规矩沿用自南京。而由史料可知,明初时,朱元璋还曾将太庙建于皇城东北,直到洪武八年(1375年),才觉出其"地势少偏",自责"愚昧无知",并下诏:"定王国及时祭祀之制。凡王国宫城外,左立宗庙,右立社稷。"这其中究竟是朱元璋个人或是其周围大臣们偶然因素在起作用,还是宫殿与都城历史发展的必然因素在起作用,似乎未可言之。

因此,对于诸如故宫的空间定位、宫殿的空间布局等建筑历史问题,我们无法做出确定的结论。这其中并没有一个预先设定的准则、一个连续的过程、一个亘古不变的模式,有的只是一些文化碎片的积淀,各朝各代及一些特殊历史人物的特殊情况,更有许多当时的政治、经济、文化影响因素。

对于中国古典园林发展,习惯上将清代皇家园林作为发展的结果来看待。但从唐代禁苑到宋代金明池,从元代西苑到清代西郊"三山五园",我们能看到多少相互连贯的发展痕迹呢?明代皇家园林无过多营造,与明代北部边界不是很太平有关。而清代天下一统,宇内安宁,为大规模建造园林建筑奠定了基础。清代园林尤盛,一方面得益于清人"马上得天下"、留恋自然的心态,这与元蒙时,在大都宫殿中植草以追忆往日的漠北风光的缘由是一样的;另一方面,也因之于清中叶乾隆时期的经济繁荣、国库充盈。乾隆曾将大规模的园林工程归之于对"还财于民"的考虑,因而其中不无经济方面的因素,而乾隆本人的性格与爱好也起了相当的作用。

还有一点,明清时代的帝王及建筑工匠们,对于唐宋时代都城、官苑的布局及对中国历代建筑结构与造型方面的知识,未必比现在丰富。由此,我们如何理解与解释实际建筑历史发展链中所谓的由低级到高级的发展过程中的"连续性"与"逻辑性"呢?历史主义的研究方法,以其对历史发展的完整性、连续性、规律性、直线性局限,以及不可避免的臆测,其科学魅力的光泽渐渐黯淡。

(二)考古学式的研究

这里所说的考古学式的研究,不只是传统学科分类意义上的"考古学",更是一种历史研究的方法论,即着眼于某一历史片断的追根溯源,将一个蒙尘已久的历史事件、历史陈迹、历史遗存,通过研究者对那些零散、破碎的实物遗迹与文献资料进行审慎的清理、拨离、修补,使其展现出可能的整体性原貌。在这一研究方法中,不追求历史的连续,不发掘诸如"时代精神"之类的"宏伟话语",不表述一系列事件的逻辑联系,只着眼于这一事物具体而细微的历史原貌的追溯上。对这种方法的最好类比与描述就是我们所熟知的"考古学",即建立在科学的田野发掘与文献考证基础上的,对历史建筑物与建造活动及参与人物的可能原状的具体描述。

当然,将考古学方法引入建筑历史研究,无疑是建筑历史考古学式研究的最直接方法。近几十年来,一些学者对先秦、汉唐时期建筑遗址的考古发掘及其复原研究,就运用了这种科学的研究方法。应该说,在考古学式的建筑历史研究方面,中国建筑历史学界已经取得了相当大的成就。更重要的是,对建筑历史上的一些悬疑问题,获得了一种可能的描述与解答。考古学式的研究不只是实物考古,也包括文献考古,即将一座建筑、一件建筑历史事件进行深入发掘,描述出其较接近原始真实情况的形象或过程,使原在历史上已失去的建筑形象、建筑事件得以再现。例如,对汉南郊礼制建筑和唐大明宫麟德殿、含元殿的考古复原,对嵩岳寺塔建造年代的考古调查,对故宫内某一座建筑的原始及现状的分析研究,并做出较接近实际情况的描述等。

通过对古代文献的研究,寻求与某一建筑物、建筑现象,或某一建筑师相关联的蛛丝马迹,并推测性地梳理出与这一建筑物、建筑现象或建筑师相关的历史踪迹。例如,一些建筑史家所撰著的《哲匠录》中关于古代匠师的生活与活动的研究文章,或历史上曾经存在过的某一建筑物的起止时间、可能位置与造型的研究和推测等。这种类似考古研究的建筑历史研究,关注细节问题,关注其问题的来龙去脉,如同对一些破碎的古代瓷器或陶器的发掘、分析及复原的研究一样,最终力图再现这一古代器皿的原始形象。

在考古学式的历史研究中,首要任务不是解释文献、确定它的真伪及其表述的价值,而是研究文献的内涵和制订文献,即历史对文献进行分割、分配、安排、划分层次、建立体系,从不合理的因素中提炼出合理的因素,测定各种成分,确定各种单位,描述各种关系。因此,对历史说来,文献不再是一种无生气的材料,即历史试图通过重建前人的所作所言,重建过去所发生而如今仅留下印迹的事情。历史力图在文献自身的构成中确定某些单位、某些整体、某些体系和某些关联。历史将文献转变成重大遗迹,并且在那些人们曾辨别前人遗留印迹的地方,在人们曾试图辨认这些印迹是什么样的地方,历史便展示出大量的素材以供人们区分、组合,寻找合理性,建立联系,构成整体。

考古学式的研究,重视局部、重视具体事物的相互关系,看起来是一些琐碎事件或建筑形象的组合,却对认识事物的原本情况有了一个推进。

(三)谱系学式的研究

谱系学式的研究注重描述性与解释性,注重事情的断裂、分叉、变异及彼此的关联。这里借用一个术语,即将家族史研究中的谱系式研究方法,运用到建筑历史的研究中来。研究者没有任何预设的背景、沿革之类的描述,没有一种先入为主的规律性前提,而是就某一建筑物或建筑现象的实际状貌出发,追踪产生这一建筑物及建筑现象的相关先例。循着一个有据可依的追寻过程,将产生这一建筑物特征或这一建筑现象的来龙去脉搞清楚。故而,谱系学要求细节知识、大量堆砌的材料,以及耐心。它的"庞大纪念物"不是借助"巨大、美好的错误"一蹴而就的,而是用"不明显的,以严格方式建立起来的微小真理"垒就的……谱系学不是以一种在博学者鼹鼠般眼光来看高深莫测的哲学家视域而与历史对立;相反,它反对理想意义和无限目的论之元历史的展开,它反对有关起源的研究。

例如,关于明清北京四合院的布局形式的研究,人们可追溯到元代的北京民居建筑,如元代的后英房遗址,后英房具有元代居住建筑中常用的工字形平面形式,也可以追溯到京郊及河北的明清民居建筑,进而追溯到明代山西合院民居的格局。如在京郊山村中尚保留的将一座房屋中间并列开两个门的做法,与山西民居中将合院两侧厢房中央开两个门,以便将来儿子长大成家时可从两门中间设墙、分户的做法,恰恰说明京郊民居与山西民居这种前后传承的谱系上的关联。而如果从历史主义的研究出发,我们就会从唐代回廊院、宋元工字房、明清四合院之间找出某种演变与发展的规律。其实这是一种"说其有则有,说其无亦无"的方式,未必真能对了解建筑历史的真实景况有所裨益。

谱系学式的建筑研究,在宫殿建筑研究中更显出了其独到的学术成果。其关注点在于某些具体建筑现象与之前的某些建筑现象的关联、嬗递。比如,今日故宫的建筑空间基本格局,尤其是前三殿、后三宫这条主轴线上的空间布置,追溯到其直接的先例是明初的南京宫殿。而南京宫殿的空间蓝本是从最初建造的明中都宫殿沿袭来的。其中,虽有些改变但基本的空间形式变化不大。此外,还可以向元代的大都宫殿做一些追溯。大都宫殿的前、后两个区,其上的两座大型工字殿,可能与明清北京故宫前三殿、后三宫的格局有着某种直接的联系,也可能是首先对明中都的宫殿格局产生了一些影响,后来又间接地影响到明代北京故宫。

对午门五凤楼式建筑形式的形成,对天安门前的横街及千步廊的形成,都可从对以往先例的追溯中,追寻其来龙去脉,解释其发展源流。故宫的五凤楼,一个来源可追溯到隋东都洛阳宫殿前的阙门,另外一个来源可能与唐代东内大明宫的含元殿有关联,其后,在北宋大内的宣德门上有所仿效,随之沿用到金中都的应天门,并被元大都的崇天门所因袭,接着,在明中都中趋于定型,并被明代的南京与北京宫殿所沿用。而宫殿正门前的广场,有可能始自隋唐长安西内太极宫门前的横街。隋唐横街主要出于安全及礼仪的考虑,规模很大。其后有北宋宣德门前的丁字广场及两边的廊庑,构成了后来宫城前天街及千步廊的雏形,其后被金、元与明、清所沿用。

对当代长安街的研究中,我们注意到,目前长安街主要街道的宽度达90余米,可能会被简单地归结于近现代长安街改造过程中,因为交通的需要而拓展成现在这个宽度的。其实,早在明初建北京宫苑时,就在皇城千步廊与天安门前的 T 形广场两侧,沿皇城东西设了一个较宽阔的街道,称为东、西长安街。清代时又加设了东西两个牌楼门。这条街道的最宽处为90余米,最窄处也有60余米,这在纵横交错的明清北京城市街道中是独一无二的。而在皇城前设这样宽阔的街道,既是出于礼仪的需要,也是出于安全的考虑。这种在宫苑门外设宽阔街道以保证帝王安全的做法,可以追溯到隋唐长安城宫城前十分宽阔的"天街"。因此,我们可以为今日宽阔的长安街,找到明、清皇城前天街这样一种谱系上的联系。

刘敦桢先生就善于运用前后关联现象的谱系联系。他从文献中六朝的东西堂制度,探讨后世宫殿布局中在中轴两侧并排设立诸如清故宫中的文华、武英两条辅轴线的做法;探讨陵寝制度中,明清陵寝中的宝顶、明楼与南宋临安的陵寝制度中诸做法的关联。他从日本飞鸟时期法隆寺玉虫厨子云形拱、韩国庆州佛国寺汤影楼曲线形基柱,及南北朝时期的一些石庸寺雕刻中的曲线斗拱中,追寻其间的相互关联,推测中国南北朝时期的建筑细部与艺术趣味,颇具说服力。

谱系学式的研究,既着重于描述,也涉及解释;既要弄清事情的实际状况,又要理清事情的源流关系。

（四）解释学式的研究

解释学式的研究注重符号性与分析性、内在的结构、文化的关联及象征的意义。解释学是20世纪兴起的一门学科,着眼于对历史原典或原文本进行分析与解释。在解释学研究中,运用了当代哲学、语言学、符号学、结构人类学、文化人类学、艺术史学等多个学科的研究方法与成果,对历史原典中隐含的意义与象征性进行揭露与展示。

所谓解释,如列维·斯特劳斯在《野性的思维》一书结尾所说:"科学的解释并不像我们通常想象的那样,存在于由复杂到简单的简化过程之中。相反,科学的解释存在于用较易于理解的错综复杂的事物来取代较不易于理解的错综复杂的事物……解释常常在于用复杂图景代替简单图景,同时力图保持简单图景所具有的清晰的说服力。"

对语言这种符号而言,一般认为传统话语着重于"相似性",将与实际事物相似的话语,表示其话语所指陈的东西。而在现代话语中,话语与意义已分离,人们在其中看到的只是事物外在的理性与逻辑。正因为古代话语符号着重相似性,而古代人所面临的世界本身就具有相似性,因此,古代各种文化中的话语符号的构成以及建筑与空间符号的构成中,就包含了彼此较多的相似性,当然,也能够表现出明显的差异性。以中国古代文化中的空间观念来看,就可以看到这种符号构成上的相似与差异。

同时,宗教及其观念成为一种富于象征内涵的符号集。宗教调整人的行动,使之适合头脑中的假想宇宙秩序,并把宇宙秩序的镜象投射到人类经验的层面上。而这种投射,就是以一种象征符号体系或象征符号复合体的形式,即"文化模式"的形式,形成一种如人类学家克利福德·格尔兹所说的"外在的信息源"。格尔兹指出,这个"我所说的'信息源'的意思仅在于,它们像基因一样提供蓝本或模板,根据这个蓝本或模板,外在于它们的那些过程可以得到一个确定的形式"。

将一个民族的政治、文化、神话、宗教、哲学、民俗等,作为一个信息源,将建筑看作某种可以表意的符号或是话语,使之作为宗教等精神文化的象征符号集;研究不同建筑符号话语的构成秩序及其变异,并着眼于建筑及其空间符号所构成的空间秩序之间的相似与差异的探讨,从而为建筑历史研究中的历史解释学方法提供了一种可能的模式。例如,在宫殿史的研究中,将现存最完整的中国古代宫殿——北京明清故宫的空间构成,放在中国历代宫殿建筑的空间构成中进行比较分析,就会注意到中国古代宫殿在造型与组群上尽管有过许多变化,但总有一些一脉相承的东西。即使明清故宫本身,几百年来也几经变化,在建筑布局、功能设定、组群方式上有很大的变化,但却总有一些一以贯之的东西。这些不变的东西,有如一种习惯、一个情结、一种世代相沿的集体潜意识或无意识。这种不变的东西,积淀成为一种具有象征性的话语,一种建筑空间与造型的符号,一种可以世代传承的具有文化基因性的建筑空间原型模式。

建筑,尤其是一座具有象征性的建筑,就是一个充满意义的符号集。中国古代文献中记载最多、争论最为激烈的是明堂,因而,对古代明堂的符号特征及其中象征意义的发掘与分析,对研究中国历史建筑空间有一定意义。对天界紫微垣的比象与对大地的依赖,按南北与东西等正方位布置轴线,以使建筑物与外在的宇宙相结合,将时间、方位、色彩与帝王的服饰、族旗、起居节律相结合等,都使得明堂建筑具有传统中国宫殿建筑的解释学性的原型意义,从而对传统中国合院住宅的历史及文化解释学理解有所助益。

中国古代宫殿建筑也具有相当的象征意义,宫殿建筑在空间处理、建筑造型上,都有许多符号化处理手法。比较分析明堂与宫殿的符号意义,会发现其中确有许多相互联系的东西,有一些逐渐积淀下来的空间符号在形态上有所变化,其符号象征意义却是一以贯之的,我们不妨将之称为古代中国人的集体潜意识。

在中国古代宫殿中,有一些空间观念与方法是贯通古今的:宫殿建筑的平面性;宫殿建筑按东南西北4个正方位布置及沿南北方向设立主导方位,形成轴线;前殿后寝的关系,环绕后寝主要宫殿的诸多寝宫;宫殿建筑的非功能性(不以功能关系为建筑组群的基本依据)。此外,还有一些自古至今一直在起作用的空间符号因素,如三朝、五门制度,对北天空紫微垣的象征,左祖右社,面朝后市,二、五、九等神秘数字的空间象征性运用,以上可以运用解释学方法进行分析。

在历史上也有一些因为偶然因素出现,但慢慢积淀成形,并渐渐沿用下来的空间符号因素,如千步廊及天街、午门及五凤楼、皇城及政府衙署、宫城禁苑及一池三山、宫苑后部所依托的背景和钟、鼓楼(左右对称或沿轴线设置)及宫殿轴线延伸,以上可用谱系学方法分析。

从符号学或话语构成的研究来看,真正影响人们的话语构成或符号表述(如建筑空间构成)的,不完全是意识因素,更多的是潜意识因素在起作用。对建筑而言,就建筑物的实用、结构等来说,可能意识因素起的作用大一些,而就建筑的布局及空间构成而言则不尽然了。其中,可能会有许多具体而偶然的因素在起作用,但更多的是历史文化中的潜意识因素或集体无意识因素在起作用。

第二章　秦汉时期及其以前的建筑

秦建立了中国历史上第一个真正实现统一的国家,其建国伊始就大力改革政治、经济、文化,集中全国人力、物力和技术成就,在首都咸阳大兴土木,建造了规模恢宏的都城、宫殿和陵墓。强大而稳定的两汉时期,则是我国古代建筑发展的第一个高潮。而在此之前的原始社会与奴隶社会,我国的建筑早已有了一定程度的发展。本章研究的内容主要包括原始社会建筑与奴隶社会建筑、秦代建筑与汉代建筑。

第一节　原始社会建筑与奴隶社会建筑

一、原始社会建筑

(一)原始社会的建筑形式

据古代文献记载,中国原始建筑存在着"构木为巢"的"巢居"和"穴而处"的"穴居"两种主要构筑方式。这两种原始构筑方式,既有"下者为巢,上者为营窟"(地势低下而潮湿的地区作巢居,地势高上而干燥的地区作穴居)的记载,也有"冬则居营窟,夏则居槽巢"的记载,反映出不同地段的高低、干湿和不同季节的气温、气候对原始建筑方式的制约。原始建筑遗迹显示,中国早期建筑存在"巢居发展序列"和"穴居发展序列"。

1. 穴居

《易经·系辞》中曾记载:"上古穴居而野处,后世圣人易之以宫室,上栋下宇,以待风雨,盖取诸大壮。"这里所指的"穴居",是北方氏族部落广泛采用的一种居住方式。"穴居发展序列"经历了由原始横穴、深袋穴(竖穴)、半穴居向地面建筑的演变(见图2-1)。

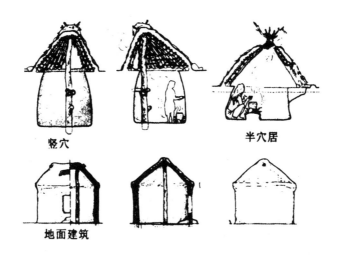

竖穴　　　　半穴居

地面建筑

图 2-1　原始穴居的发展

在黄土沟壁上开挖横穴而成的窑洞式住宅,在山西、甘肃、宁夏等地广泛出现,其平面多为圆形,和一般竖穴式穴居并无差别(见图2-2),也有圆角方形平面的,如山西石楼县岔沟村窑洞遗址,绝大多数是圆角方形平面,其室内地面及墙裙都用白灰抹成光洁的表面。

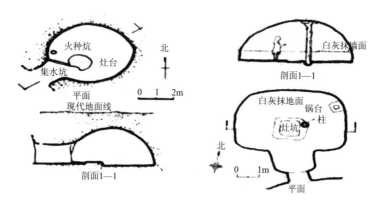

图 2-2　甘肃宁县阳坬窑洞遗址

另外,在山西襄汾陶寺村还发现了"地坑式"窑洞遗址,这种窑洞是先在地面上挖出下沉式天井院,再在院壁上横向挖出窑洞,这是至今在河南等地仍被使用的一种窑洞。

2. 巢居

"巢居发展序列"经历了由单树巢、多树巢向干阑建筑的演变。在我国南方潮湿而又多猛兽虫蛇的地区,原始人群多采用巢居的方式。据考古学家分析,最早人们是住在树上的,开始时只是在一棵大树上居住,后来变成数棵树合并成一个住所,后发展成人工插木桩建屋,形成典型的巢居。最后逐渐演变成如今尚存的干阑式建筑。

距今约 7 000 年的浙江余姚河姆渡建筑遗址,是最具有代表性的干阑式建筑遗址。已发掘出来的是一座长条形的遗址(见图 2-3),长 23 米,进深 7 米,多达 7、8 间以上。木构件遗物有柱、梁、枋、板等,许多构件上都带有榫卯,摆脱了最原始的绑扎方式。河姆渡遗址是我国已发现最早采用榫卯技术的木结构建筑实例(见图 2-4)。这一实例说明当时长江下游一带木结构建筑的技术水平高于黄河流域。

图 2-3 干阑式建筑

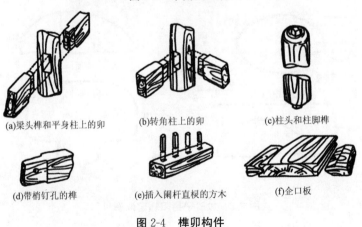

(a)梁头榫和平身柱上的卯　　(b)转角柱上的卯　　(c)柱头和柱脚榫

(d)带梢钉孔的榫　　(e)插入阑杆直棍的方木　　(f)企口板

图 2-4 榫卯构件

(二)原始社会的建筑遗址

在公元前5000—前3000年,黄河流域分布着许多大大小小的氏族部落。其中,仰韶文化的氏族在黄河中游肥美的土地上劳作生息,他们以农业为主,同时从事渔猎和采集,过着定居生活,并逐步发展到母系氏族公社的繁荣阶段。仰韶文化之后是龙山文化,母系氏族社会进入父系氏族社会,从此私有制得以萌芽和发展,产生了阶级分化,中国原始社会逐步走向解体。

1. 仰韶文化的建筑遗址

仰韶文化时期,人们过着定居生活,出现了房屋和部落。这些氏族部落多位于河流两岸的阶梯状台地上或两河交汇处比较高而平坦的地带。由于地势高免受河水泛滥之苦,土地肥美近河,利于农业、渔猎、畜牧,交通也比较便利,所以原始部落选择这里作为基址。仰韶文化母系氏族公社由于从事农业生产定居下来,从而出现了房屋和聚落。

仰韶初期聚落遗址主要是东贾柏村遗址,位于山东汶上县城东南约2.5公里处,为一突出的台地,遗址北侧地势较低洼,这里曾是一条东西向的河流。遗址东西较长,南北略短,中心部分及西侧为居住区,东侧为墓地,南侧有大小壕沟贯穿其间。居住区房址均为半地穴式,有瓢形、椭圆形、圆形数种。瓢形房址,其居室呈椭圆形,东北侧有阶梯状门道,由两块大而坚硬、表面经平整的红烧土块铺垫而成,坑壁较直,近底处缓慢内收,室内地面较平,残留有较硬的青灰色居住面,残存3个柱洞,室外南侧亦有3个柱洞,洞底多填有夯实的红烧土渣(见图2-5)。

图2-5 山东汶上县东贾柏村房屋遗址

仰韶晚期聚落遗址最具代表性的为渭水流域的西安半坡村遗址。西安附近沣河中游长约20公里的一段河岸上,就有13处聚落遗址。西安半坡村的一处氏族聚落,位于泸河东岸台地上,总面积约5万平方米。这些聚落距今已有5000余年,属仰韶文化层(仰韶位于豫西渑池附近)。临河高地是居住区,已发现密集排列的住房有四、五十座,布局颇有条理。这个居住区的中心部分,有一座平面约为12.5米×14米近于方形的房屋,可能是氏族的公共活动(氏族会议、节日庆祝、宗教活动等)场所。

当时的房屋,就构造技术来说,已经是在长期定居条件下积累了相当经验的结果。所用于木料加工的工具,有石刀、石斧、石锛、石凿等。半坡村的氏族公共大房屋的中心4个木柱直径达45厘米,周围壁体内较小的33根木柱的直径也有20厘米左右,由此可知当时采伐木料和施工技术的水平。

半坡村仰韶文化住房有两种形状,一种是方形,一种是圆形。方形的多为浅穴,内转角一般做成弧形。通常在黄土地面上掘成50～80厘米深的浅穴。门口有斜阶通至室内地面。浅穴四周的壁体内,紧密而整齐地排列着木柱,用编织和排扎的方法相结合构成壁体,支承屋顶的边缘部分。屋顶形状可能用四角攒尖顶,也可能在攒尖顶上部,利用内部柱子,再建采光和出烟的两面坡屋顶。至于柱穴内的土质,多数经过打实,并在周围用泥圈固定柱的下部。壁体和屋顶铺敷草泥土或草。室内地面用草泥土铺平压实(见图2-6)。

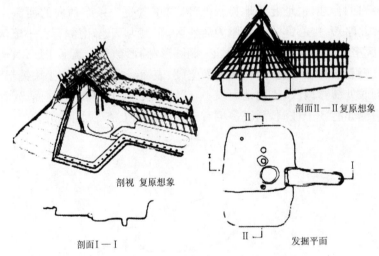

剖视　复原想象

剖面Ⅱ—Ⅱ复原想象

发掘平面

剖面Ⅰ—Ⅰ

图2-6　陕西西安市半坡村原始社会方形住房复原想象

圆形房屋一般建造在地面上,直径为4～6米。周围密排较细的木柱,柱与柱之间也用编织方法构成壁体。室内有2～6根较大的柱子。屋顶形状可能在圆锥形之上结合内部柱子,再建造一个两面坡式的小屋顶(见图2-7)。

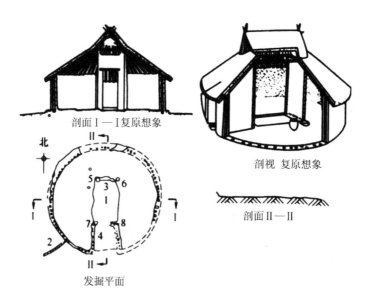

剖面 Ⅰ—Ⅰ复原想象

北

剖视 复原想象

剖面 Ⅱ—Ⅱ

发掘平面

图 2-7 陕西西安市半坡村原始社会圆形住房复原想象

2.龙山文化的建筑遗迹

黄河中下游地区进入龙山文化父系氏族公社时期后,为适应父权家庭生活的需要,在居住房屋的平面布置和构造上都发生了一些变化。龙山文化的居住遗址多数为圆形平面的半地穴式房屋,室内多为白灰面的居住面。但早期遗址有大有小,平面形状并不限于圆形,如华阴县横阵村发现的方形半地穴房子,陕县庙底沟则有圆形袋状半地穴式房子。时间稍晚的龙山文化遗址则多为圆形平面。河南偃师县灰咀还发现了一个略呈长方形的房屋遗址,南北方向,房基稍低于室内地面。

此外,西安长安县客省庄的半地穴式房子,既有圆形单室,也有前后二室相连的布局方式。这种双间房子,或内室为圆形,外室为方形,或内外二室都为方形,中间连以狭窄的门道,整个建筑的平面为"吕"字形。外室墙中往往挖一个小龛作灶,有的灶旁还设置小型窖穴,内外二室在建筑功能上具有分工作用。内室的保暖也较单室房屋为好(见图 2-8)。

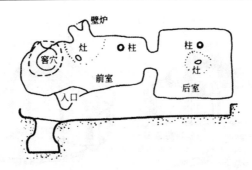

图 2-8　西安客省庄龙山文化房屋遗址平面

中国氏族公社的发展除上述黄河中下游地区以外,其他地区的文化发展则颇不平衡。同时,由于不同自然地理条件的影响,各个地区的建筑有明显的地区特点。

长江下游新石器时代晚期的居住遗址有两种方式:①位于平坦的岗地上,每个聚落面积不大,但往往彼此毗邻成群。多在地面上建造窝棚式住房。住址的平面有圆形和方形,墙壁和屋顶可能在用植物干茎编织的骨架上敷以泥层。②位于平原或湖泊与河流附近地势低洼和地下水位较高的地点,房屋下部往往采用架空的干阑式结构,也就是在密集的木桩上建造长方形或椭圆形平面的房屋。

龙山文化时期与仰韶文化时期的住房相比较,其多数房屋的面积有所缩小,这是与个体小家庭生活的需要相适应的。在建筑技术方面,龙山文化时期广泛使用光洁坚硬的白灰面层,使地面具有防潮、清洁和明亮的效果。白灰面在仰韶中期出现,但被普遍采用则是在龙山文化时期,另外在龙山文化的遗址中还发现了土坯砖。

二、奴隶社会建筑

(一)夏商建筑

1.夏商宫殿

我国古代文献记载了夏朝的史实,但考古学上对夏文化尚在探索之中。在已经发现的文化遗址中,究竟何者属于夏文化,迄今仍有分歧。许多考古学家认为,河南偃师二里头遗址是夏末都城。

在该遗址中发现了大型宫殿和中小型建筑数十座,其中一号宫殿规模最大(见图 2-9)。其夯土台残高约 0.8 米,东西长约 108 米,南北长约 100 米。夯土台上有面阔 8 间、进深 3 间的殿堂一座,四周有回廊环绕,南面有门的遗址,反映了我国早期封闭庭院(廊院)的面貌。在遗址中未发现瓦件,因此,建筑的构筑方式应该是以茅草为屋顶,并以夯土为台基的"茅茨土阶"形态。

　　(a)鸟瞰　　　　　　　　(b)立面　　　　　　　　(c)平面

图 2-9　河南偃师二里头一号宫殿复原想象

　　河南偃师二里头的一号宫殿遗址是我国至今发现的最早的规模较大的木构架夯土建筑与庭院的实例,它表明华夏文明初始期的大型建筑采用的是"茅茨土阶"的构筑方式;单体殿屋内部可能存在"前堂后室"的空间划分;建筑组群已呈现庭院式的格局;庭院构成突出"门"与"堂",形成廊庑环绕的廊院式布局。中国木构架建筑体系的许多特点,都可以在这里找到渊源。

　　在随后发现的二里头二号宫殿遗址中,可以看到更为规整的廊院式建筑群(见图 2-10)。这说明,在夏代至商代早期,中国传统的院落式建筑群组合已经开始定型。

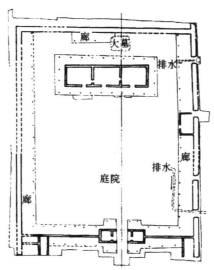

图 2-10　河南偃师二里头二号宫殿遗址

2. 城市建筑

商代中期的城市遗址已发现了两座。

一座是郑州商城,有人认为这是商中叶仲丁时的隞都(见图 2-11),其平面呈方形,城周长 7 100 米,面积 320 公顷,城墙为夯土墙,是我国目前发现的建造年代最早的夯土城墙。城内中部偏北高地上有大面积的夯土台基,可能是宫殿、宗庙的遗址。城外散布着酿酒、冶铜、制陶等作坊,还有许多奴隶们居住的半穴居的窝棚。

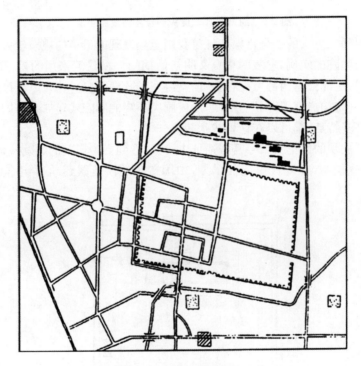

图 2-11　河南郑州商城平面

另一座是湖北武汉附近的黄陂区盘龙城遗址(见图 2-12)。其位于长江北岸,筑城技术与郑州商城相同。城址选在高地上,城南临近注入长江的府河。盘龙城规模较郑州商城小,城垣平面近方形,南北长约 290 米,东西长约 260 米,四面各一门,城外有宽约 10 米的壕沟。城内东北高、西北低,东北隅有大面积夯土台基,3座建筑物平行列于其上,属宫殿建筑群(见图 2-13)。

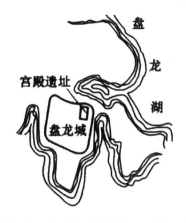

图 2-12　湖北武汉黄陂区盘龙城遗址

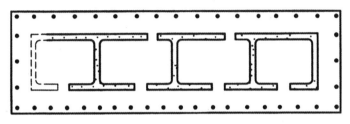

图 2-13　湖北武汉黄陂区盘龙城商代宫殿遗址

3.陵墓建筑

丧葬制度在我国古代是一项很重要的礼制。自商朝起,统治阶级厚葬之风盛行,大修陵墓,且愈演愈烈。

商朝陵墓大都集中于殷墟附近洹水北岸侯家庄以及西北岗、武官村、后岗一带(见图 2-14)。现已发现 20 余处陵墓,墓的形状有"亚"字形和近似正方形两种。"亚"字形陵墓在土层中有一方形深坑为墓穴,墓穴向地面掘有斜坡形羡道。小型墓仅有南羡道,中型墓有南、北二羡道(见图 2-15),大型墓则有东、西、南、北四羡道。穴深一般在 8 米以上,最深的达 13 米,穴中央用巨大的木料砍成长方形断面互相重叠构成井干式墓室,称为椁。武官村大墓椁室为方形,四面各用 9 根巨木作壁,底面及上面各用 30 根巨木作底和盖,木料在转角处咬合形成井干式结构。椁中置棺枢,其外表雕刻花纹,饰以彩绘。

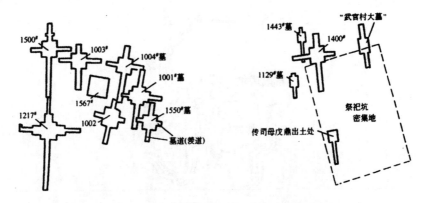

图 2-14　河南安阳殷墟侯家庄和武官村陵墓分布

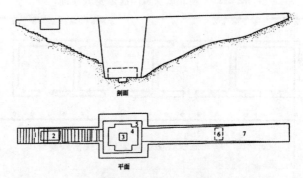

图 2-15　河南安阳后岗殷代墓剖面、平面
1—北道;2—战国墓;3—腰坑;4—亚型墓室;5—墓室;6—放车处;7—南道

(二)西周建筑

1.城市建设

周灭商后,西周开国之初,曾掀起一次城市建设高潮。以周公营洛邑为代表,建造了一系列奴隶主实行政治、军事统治的城市。城市建设的体制按宗法分封制度,所以城市的规模按等级来定:诸侯城的面积不超过王城的1/3,中等的不超过王城的1/5,小的不超过王城的1/9;城墙高度、道路宽度以及各种重要建筑都必须按等级来建造。但是随着奴隶制的急剧瓦解,这种建城制度也跟着被打破。史书《考工记》记载了周朝都城制度:"匠人营国,方九里,旁三门,国中九经九纬,经涂九轨,左祖右社,面朝后市,市朝一夫。"(见图2-16)这种以宫室为中心的都城布局突

出表现了奴隶主贵族至高无上的地位和尊严,同时也便于统治的需要,王宫位于城中心,围墙高筑,既便于防守,也有利于对全城的控制。可见周朝在城市总体布局上已形成了理论和制度,规划井井有条,这对我国城市建设传统的形成和发展具有深远的影响,在世界城市建设史上也有一定地位。

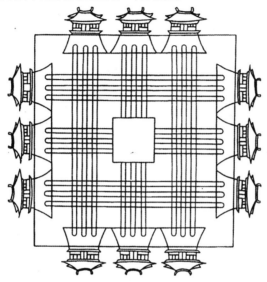

图 2-16　《考工记》中的周王城

目前,西周都城丰、镐尚在探寻中,洛阳东周王城已经被发现,春秋时期的诸侯城址较多,如邯郸赵故城、山西侯马晋故城、苏州吴阖闾城等。

2.建筑遗址

西周具有代表性的建筑遗址有陕西岐山凤雏村的早周建筑遗址和湖北蕲春的干阑式木架建筑遗址。

(1)陕西岐山凤雏遗址。

陕西岐山凤雏遗址是一座相当严整的四合院式建筑,这是我国已知最早的四合院实例(见图 2-17)。建筑规模不大,南北长约 45.2 米,东西长约 32.5 米,由二进院落组成。前堂、后室的两侧为通长的厢房,将庭院围成封闭空间。基址下设有陶管和卵石叠筑的暗沟。墙体全部采用版筑形式,并以木桩加固,这是目前所知最早以壁柱加固的版筑墙实例。

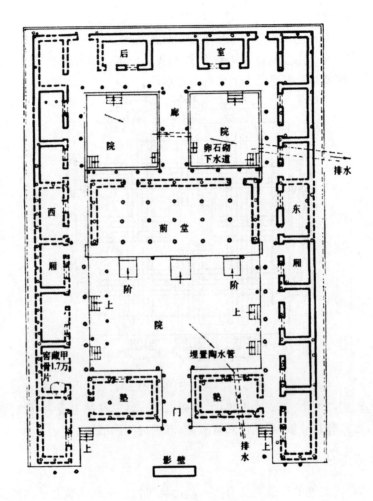

图 2-17　陕西岐山凤雏村早周建筑遗址平面

(2)湖北蕲春干阑式木架建筑遗址。

湖北蕲春干阑式木架建筑遗址散布在约 5 000 平方米的范围内(见图 2-18)。建筑密度很高,遗址留有大量木板、木柱、方木及木楼梯残迹,推测是干阑式建筑。类似建筑遗迹在附近地区及荆门县也有发现,这说明干阑式木架建筑可能是西周时期长江中下游地区的一种常见的建筑类型。

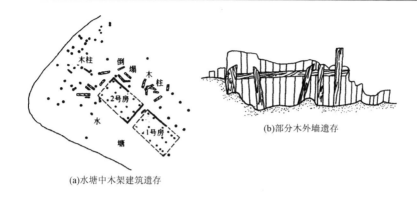

(a)水塘中木架建筑遗存

(b)部分木外墙遗存

图 2-18 湖北蕲春干阑式木架建筑遗址

3.新建筑材料——瓦

西周已出现板瓦、筒瓦、人字形断面的脊瓦和圆柱形瓦钉。这种瓦嵌固在屋面泥层上,解决了屋顶的防火问题。瓦的出现是中国古代建筑的一个重要进步。制瓦技术是从陶器发展而来的,西周早期瓦还比较少,西周中期瓦的数量就很多了,并且出现了半瓦当。在凤雏的建筑遗址中,还发现了在夯土墙或坯墙上用的三合土抹面(石灰+细砂+黄土),表面平整光洁(见图 2-19)。

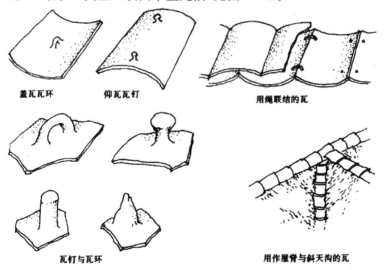

盖瓦瓦环　　仰瓦瓦钉　　　　用绳联结的瓦

瓦钉与瓦环　　　　　　　用作屋脊与斜天沟的瓦

图 2-19 陕西岐山凤雏遗址出土的西周瓦

· 31 ·

4. 园林的雏形——囿

"囿"是园林的最初形式。已出土的甲骨文中就有"园""圃""囿"等象形文字。《说文解字》中记载:"园,树果;圃,树菜也;囿,养禽兽也。"《周礼》中载:"囿人……掌囿游之兽禁,牧百兽……"《史记》亦载:"(帝纣)好酒淫乐……益收狗马奇物,充韧宫室,益广沙丘苑台,多取野兽蜚鸟置其中。"由此可知,园、圃是农业上栽培果树、蔬菜的地方,囿则是放养禽兽、供奴隶主狩猎游憩的场所。殷商时期,中国社会生产的形式已由游牧渔猎转到农业生产上,狩猎成为当时奴隶主贵族的一种奢侈的娱乐享受,而囿的出现,也恰好满足了这种需求。

据有限的史料记载,西周时有了灵囿、灵沼、灵台。商周时代,不仅帝王有囿,诸侯也有囿。史书载:"囿,……天子百里,诸侯四十里。"可见,诸侯的囿只是规模较小而已。

综上所述,商周的囿就是在一定的地域内,让天然的草木、禽兽滋生繁衍,并且人工挖池养鱼、夯土筑台,供奴隶主贵族狩猎和游乐的用地。所以说囿是中国园林的雏形。

(三)春秋建筑

春秋时期是中国奴隶社会瓦解和封建制度萌芽的阶段。这一时期由于铁器和耕牛的使用,社会生产力水平有了很大的提高,私田大量出现,井田制日益瓦解,封建生产关系开始出现,手工业和商业也随之相应发展,著名的建筑匠师鲁班就是这一时期的人物。

1. 高台建筑

高台建筑是我国古代建筑中一种历史悠久、生命力极强、贯穿于整个建筑发展过程的独特的建筑形式,它常与宫殿、楼阁融为一体、不可分割。春秋时期,各诸侯国由于政治、军事上的要求和生活享乐的需要,建造了大量高台宫室,其基本方法是在城内夯筑高数米至十几米的若干座方形土台,四面有很大的侧脚向下延伸,然后在高台上建殿堂、屋宇,如侯马的晋故都新田遗址中的夯土台,高 7 米多,长宽约75 米。

2. 春秋墓

至今发现的春秋墓均为小型墓。例如,山东淄博磁村的春秋墓是最近几年发现的,此墓距磁村西南约1千米,共4座,排列有序,方向一致,是一处齐国贵族墓地,古墓形制均为竖穴土坑墓。最完整的一座古墓位于墓区最南部,长3.5米,宽2.1米,深1.2米,一椁一棺,棺底高出墓底20厘米,随葬品置于棺外前部两侧,有成组的青铜礼器。在墓室东部填土中有殉葬的牲畜。

3. 建筑材料、技术与艺术

早在商、周时代,已开始在建筑上运用柱上出斗的技术,春秋战国时更发展为斗上出拱,以承托横梁与立柱间的过渡部分,将屋顶的重量平均分配在承托的构架上以分散其压力。在飞檐的翼角上,该技术可以增加出檐挑出的程度,以形成"山节"与"椽题数尺"的形式。

建筑技术的进步体现在木构件的制作上,由于有了铁制的木工工具,如锯、斧等,使加工木构件变得容易,制作也更精确了,且形式多样,单榫式样更有燕尾榫、搭边榫、割肩透榫及勾挂垫榫等数种。

同样,建筑技术的进步也反映在砖的发明与应用上。虽然城垣仍是用黄土(或杂以苇荻)夯打版筑而成,建筑宫殿房屋筑墙仍然用土坯或黄土版筑而成,但在燕下都却发现了被用作宫室铺地的砖。不仅如此,那些战国棺椁之所以能保存至今,很大一部分要归功于当时砖的发明和应用。

在春秋时期,已经在木构架建筑上施彩画。在建筑雕饰上出现了木雕和石雕,木雕主要是在门窗、栏杆、梁、柱之类上刻雕塑并施彩绘;石雕是在宫殿椽头上雕玉珰。在金饰上,发现有春秋时期的金釭,釭在西周时曾是加固木构节点的构件,发展至春秋时期已蜕变为壁柱、门窗上的装饰品(见图2-20)。

图2-20 春秋时期的釭

第二节 秦代建筑与汉代建筑

一、秦代建筑

公元前 221 年,秦始皇统一六国,建立了中国历史上第一个中央集权的封建大帝国。建国伊始,即大力改革政治、经济、文化,统一法令,统一货币,统一度量衡,统一文字,修筑驰道,通行全国,开鸿沟,凿灵渠,建万里长城,这一系列措施对巩固统一的封建国家政权起到了一定的作用。为了满足穷奢极欲的生活,秦始皇集中全国人力、物力和技术成就,在首都咸阳附近建造了规模巨大的宫苑建筑。历史上著名的阿房宫、始皇陵,至今遗址犹存。这些都是我国历史上第一个封建王朝的重大建筑成就。

(一)都城建设

秦都咸阳的建设早在战国中期秦孝公十二年(公元前 350 年)就已经开始。当时咸阳宫室南临渭水,北达泾水,至秦孝文王时(公元前 250 年),宫馆阁道相连 30余里。秦始皇统一六国后,又对咸阳进行了大规模的建设。咸阳的布局很有独创性,它摒弃了传统的城郭制度,在渭水南北范围广袤的地区建造了许多离宫别馆,东至黄河,西至汧水,南至南山,北至九嵕,均属秦都咸阳范围。据史书记载,当时"并徙富豪十二万户于咸阳",可见咸阳城的规模是十分宏大的。

(二)宫殿建筑

秦始皇在统一中国的过程中,吸取了各国不同的建筑风格和技术经验,于公元前 220 年开始兴建新宫。首先在渭水南岸建了一座信宫,作为咸阳各宫的中心,然后在信宫前开辟一条大道通往骊山,建甘泉宫。在用途上,信宫是大朝,咸阳旧宫是正寝与后宫,而甘泉宫是避暑处。此外,还有兴乐宫、长杨宫、梁山宫,以及上林苑、甘泉苑等。

公元前 212 年,秦始皇又开始兴建一组更大的宫殿——朝宫。朝宫的前殿就是著名的阿房宫。据史书记载,阿房宫"东西五百步,南北五十丈,上可以坐万人,下可以建五丈旗",可惜被项羽付之一炬,相传当时"火三月不灭"。据考证,阿房宫在秦咸阳城以南,即今西安市三桥镇南,现在阿房宫只留下长方形的夯土台,东西长约 1 000 米,南北长约 500 米,后部残高 7～8 米,台上北部中央还残留不少秦瓦。

(三)陵墓建筑

从人类学和考古学的角度来说,埋葬制最初是伴随"灵魂观"的出现而诞生的。人类社会进入氏族公社后,同一氏族的人生前死后都要在一起,这在我国原始社会考古资料中已经得到证实。随着历史的演进,母系氏族公社完成向父系氏族公社的过渡,埋葬制上也打破了死后必须埋到本氏族公共墓地的习俗,而出现了夫妻合葬或父子合葬的形式。其后在私有制发展的基础上,贫富分化和阶级对立逐渐产生,反映在葬制上则进一步出现了墓穴和棺椁。商周时期,作为奴隶主阶级高规格的墓葬形式,已出现了墓道、墓室、椁室及祭祀杀殉坑等。最初,帝王、贵族都采用木椁做墓室。之后,由于木椁不利于长期保存,更由于砖石技术的发展,战国末年,河南一带开始用大块空心砖代替木材作为墓室壁体,逐渐出现了石墓室和砖墓室。

在墓葬制中,地面出现高耸的封土,可能出现在春秋战国时期。由于存在高耸的封土,墓的称谓也发生了变化,即由"墓"发展为"丘",最后称之为"陵"。秦始皇营"骊山陵",大崇坟台,开创了中国封建社会帝王埋葬规制和陵园布置的先例。汉因秦制,帝陵都起方形截锥体陵台,称为"方上"。

史称"骊山陵"的秦始皇陵位于陕西临潼骊山北麓,陵北为渭水平原,陵南正对骊山主峰,总面积约 2 平方千米,周围有两道陵墙环绕。陵园外垣周长约为 6 300 米,内垣周长约 2 500 米。除内垣北墙开两门外,内外垣各面均开一门。陵台由 3 级方截锥体组成,最下一级为 350 米×345 米,3 级总高达 46 米,是中国古代最大的一座人工坟丘,由于风雨侵蚀,轮廓已不甚明显。内垣的北半部已发现建筑遗迹,可能是寝殿或寝殿附属建筑所在。据史书记载,陵内以"水银为百川江河大海……上具天文,下具地理"。虽未经考古发掘证实,但类似做法在五代南唐陵墓中可以看到,汉墓、唐墓、宋墓中可看到墓室顶部绘有天文图像。陵园东边有始皇诸公子、公主的殉葬墓,有埋葬陶俑、活马的葬坑群,还有模拟军阵送葬的兵马俑坑(见图 2-21)。

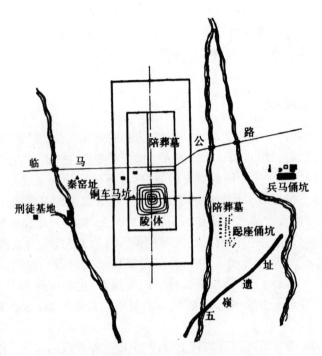

图 2-21　陕西临潼秦始皇陵遗址平面

（四）秦长城

长城始建于战国时期。当时,各诸侯国之间战争频繁,秦、赵、魏、齐、燕、楚等国各筑长城以自卫。靠北边的秦、燕、赵三国为了防御匈奴的骚扰,又在北部修筑了长城。秦统一中国后,为了将北部的长城连成一个整体,西起甘肃,东至辽东,建造了大规模的长城,长达 3 000 余千米。

长城所经过的区域包括黄土高原、沙漠地带和无数的高山峻岭与河谷溪流,因而筑城工程采用了因地制宜、就材筑造的方法。在黄土高原一般用土版筑,无土之处就拿石为墙,山岩溪谷则杂用木石建造。秦长城的建设耗费了大量的人力、物力和财力。所以说,这个伟大的工程是中国古代劳动人民汗水与鲜血的结晶。这个伟大工程,在当时起到了防御的作用。如今,北京八达岭长城是明代所建的长城,仍然存在,而秦长城基本上已消失,只剩一些残基(见图 2-22)。

图 2-22　秦长城

二、汉代建筑

两汉是中国古代第一个强大而稳定的中央集权王朝,由于处于封建社会的上升时期,经济的发展促进了城市的繁荣与建筑的进步,形成我国古代建筑发展的第一个高潮,主要表现在:形成了中国古代建筑的基本类型,包括宫殿、陵墓、苑囿等皇家建筑;明堂、辟雍、宗庙等礼制建筑;坞壁、第宅、中小住宅等居住建筑;木构架的两种主要形式——抬梁式、穿斗式都已出现,多种多样的斗拱形式(见图 2-23)表明斗拱正处于未定型的活跃探索期;多层重楼的兴起与盛行,标志着木构架结构整体性的重大发展,盛行于春秋战国时期的高台建筑,到东汉时期,已被独立的大型多层的木构楼阁所取代;建筑组群规模庞大。这些都显示中国木构架建筑在两汉时期已经进入体系的形成期。

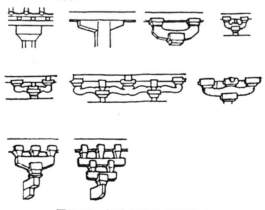

图 2-23　多种多样的斗拱形式

（一）城市建筑

公元前 206 年，继秦后统一中国的是西汉，随之经历了东汉和三国时期。西汉时，封建经济的巩固和工商业的发展，促进了城市的繁荣，出现了不少新兴城市。这一时期的手工业城市有产盐的临邛、安邑，产漆器的广汉，产刺绣的襄邑；商业城市有洛阳、邯郸、成都、合肥等。长安是西汉的首都，是政治、经济、文化的中心，是商周以来规模最大的城市。洛阳也是当时具有相当规模的城市。

1.西汉长安城

西汉都城长安（见图 2-24），位于今西安市的西北。这座城市要比同时期的古罗马城大数倍。汉长安城的外形不甚规则，这也许是受到地形的影响，但史书上说其形状是按星座形状而造的。《三辅黄图》中记载："城南为'南斗'形，北为'北斗'形，至今人呼汉京城为斗城是也。"

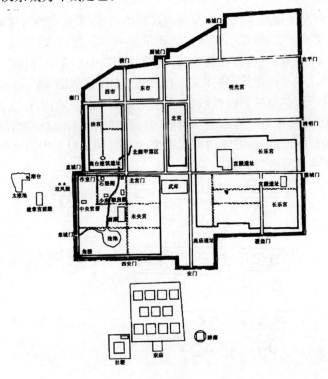

图 2-24 西汉长安城遗址平面

汉初，刘邦称帝，丞相萧何协助建城造宫，曾向刘邦提议："天子以四海为家，非壮丽无以重威，且无令后世有以加也。"但大规模的建设，还是到了汉武帝时才开始。

长安城内街道宽敞，又植行道树，形态壮观而又很有情趣。城内宫殿占去了几乎一半的面积。未央宫在城西南，长乐宫在城东南，城的北面还有桂宫、明光宫等。西汉末年，王莽篡位，城内大乱，长安从此衰落。后东汉建都于洛阳。

2. 东汉洛阳城

洛阳号称"九朝古都"，早在夏代，这里就是"禹都阳城"，但当时尚无文字记载。后来这里又是商代的"汤都西"、西周的"洛邑"、东周的王城，相传是按《周礼·考工记》中营建都城的规范来建城的。图 2-25 就是据文献资料所绘的东汉洛阳城平面图。

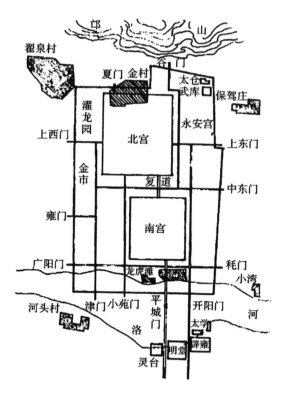

图 2-25　东汉洛阳城复原平面图

东汉光武帝元年入洛阳,定为都城,起高庙、建社稷,立郊兆于城南,建南宫、明堂、灵台、辟雍等,成为一座颇具规模的都城。西晋皇甫谧的《帝王世纪》中记载:"城东西六里十一步,南北九里一百步。"城南挖城河,共设 12 座城门,壮观非凡。城内有大街 24 条,街旁植行道树,开挖水沟。城内南北二宫,富丽堂皇,具有大国风度。

(二)宫殿建筑

1.西汉长安宫殿

西汉之初,修建未央宫、长乐宫和北宫。未央宫是大朝所在地,位于长安城的西南隅,宫殿的台基是利用龙首山岗削成高台建成的,未央宫的前殿为其主要建筑,面阔大而进深浅,呈狭长形,殿内两侧有处理政务的东西厢。整个宫城总长8 900 米,宫内除前殿外,还有十几组宫殿和武库、藏书处、织绣室、藏冰室、兽园、渐池与若干官署。长乐宫位于长安城的东南隅,供太后居住,宫城总长约 10 000 米,内有长信、长秋、水寿和水宁 4 组宫殿。北宫在未央宫之北,是太子的居住地方。建章宫在长安西郊,是苑囿性质的离宫。其前殿高过未央前殿,有凤阙、脊饰铜凤,又有井干楼和神明台。宫内还有河流、山冈、太液池。池中建蓬莱、方丈、瀛洲三岛。在建章宫前殿、神明台及太液池等遗址中,曾发现夯土台和当时下水道所用的五角形陶管。

未央宫主要的宫门有东门与北门,立东阙、北阙,阙内有司马门。未央宫前殿为"大朝",前面设端门。殿之东有宣明、广明两殿,西有昆德、玉堂两殿,殿西还有白虎殿,汉成帝时曾在这里接见匈奴单于。前殿后有石渠、天禄两阁。内庭有宣室殿,为宫的正寝,另有温室、清凉两殿。椒房殿为皇后所居。昭阳舍、增城舍、椒风舍、掖庭等为嫔妃所居。其他还有柏梁台、武库、苍池等。据《西京杂记》中记载:"宫周二十二里九十五步,台殿四十三,门闼九十有五。"据现代考古工作者实地(基址)勘察,未央宫近方形,周长 8 560 米,其面积约为 4.6 平方公里。

2.东汉洛阳宫殿

东汉都城洛阳宫殿包括汉光武帝时期建造的南宫,汉明帝时期建造的北宫,汉和帝至汉灵帝时期陆续建造的东宫、西宫等。由此可见,洛阳的宫殿建设时间延续得很长。东汉洛阳宫殿根据西汉旧宫建造南北二宫,其间连以阁道,仍是西汉宫殿的布局特点。北宫主殿德阳殿,其平面为 1∶5.3 的狭长形,与西汉未央宫前殿相似。在这一时期,已经很少建造高台建筑,如德阳殿,其台基仅高4.5米。

东汉洛阳南宫之正门,即京城南面之正门,位于洛阳城偏东处。北宫在洛阳城的东北,南北二宫均靠京城之南北城墙,相距约7公里。这些宫殿要比西汉长安的宫殿小得多,但很考究。后来洛阳都城随着东汉的消亡而衰败了。

(三)住宅建筑

1. 汉朝的住宅建筑形式

汉朝的住宅建筑,有下列几种形式:

(1)规模较小的住宅。平面为方形或长方形,屋门开在房屋一面的正中或者偏在一旁,房屋的构造除少数用承重墙结构外,大多数采用木构架结构,墙壁用夯土筑造。窗的形状有方形、横长方形、圆形等,屋顶多采用悬山式顶或囤顶。

(2)规模稍大的住宅。以墙垣构成一个院落,也有三合式与"日"字形平面的住宅,后者有前后两个院落,而中央一排房屋较高大,正中有楼高起,其余次要房屋低矮。

(3)规模更大的住宅则为贵族住宅。这类住宅从外表上看,屋顶中间高、两边低,屋外面有正门,旁边有小门,大门里边又有中门,从中门到大门,车马可以直接进出,门旁还建有客房。过中门,进到院子里边是堂屋,有的还在前堂屋的后边盖了后堂屋,还有车库、马厩、厨房、库房和佣人居住的房间。

(4)大型宅第则是贵族和富裕大户的花园住宅。通常利用自然风景来营造花园式的府第,园中建有亭台楼阁,垒石成山,引水作池,但此类园林式住宅在汉朝不是很多。

2. 从汉画像石、画像砖和明器陶屋中了解汉代建筑

汉代的住宅已有不同等级的名称。列侯公卿"出不由里,门当大道"者,称为"第";"食邑不满万户,出入里门"者,称为"舍"。贵族富豪的大第,"高堂邃宇,广厦洞房";贫民所居多是上漏下湿的白屋、狭庐、土圜等。汉代住宅没有实物遗存,但数量颇多的汉画像石、画像砖和明器陶屋,为我们提供了丰富的形象资料,从中可以看到汉代中小型宅舍、大型宅第和城堡型住宅(坞壁)的大体状况。

广州出土的汉墓明器,生动地反映出汉代中小型宅舍的形式多样,平面有曲尺式、三合式和前后两进组成的"日"字式等。房屋多为木构架结构,屋顶多为悬山顶,有的还采用了干阑式做法(见图2-26)。

汉明器曲尺式住宅

汉明器三合式住宅

汉明器"日"字式住宅

汉明器干阑式住宅

图 2-26　广州出土的汉墓明器

　　成都出土的庭院画像砖生动地展示了汉代中型住宅的建筑状况（见图 2-27）。其主体部分由回廊组成前后两院。前院较小，前廊设栅栏式大门，后廊开中门。后院宽大，内有一座三开间悬山顶房屋，当是堂屋。附属部分也分为前后两院，各有回廊环绕。前院较浅，用作厨房、杂物等服务性内院，后院中竖立一方形木构望楼，庑殿式屋顶下有硕大的斗棋支撑，颇似"观"的形象，用于瞭望、防卫和储藏贵重物品。

图 2-27　成都出土的庭院画像砖

河北安平东汉墓壁画,是迄今所见规模最大的汉代住宅图。画中的大型宅院至少有二十几个院落。中心部分由前院、主院、后院组成明显的主轴线。主院呈纵长方形,尺度宏大,正面是开敞的堂。堂后为横向后院,当是主人居所。主院两侧有窄长的火道。全宅以主轴三进院为核心,向左右与后部布置了一系列不同形状、大小的附属院落,形成总体布局大致平衡而不绝对对称的格局。宅后方有一座5层高的砖砌望楼,上面建四面出挑的哨亭。亭内设鼓,当为打更、报警之用。

坞壁,也称坞堡,是一种城堡式的大型住宅。东汉时期,地主豪强盛行结坞自保。甘肃武威出土的东汉坞壁明器,典型地反映了汉代坞壁的形象(见图2-28)。平面为方形,周围环以高墙,四角均有高两层的角楼,角楼之间有阁道相通。院内套院,中央竖立高5层的望楼。高耸的望楼与角楼、门楼相互呼应,构成了坞壁丰富的建筑外形。

图2-28 甘肃武威出土的东汉坞壁明器

(四)宗庙建筑

已发现的汉朝宗庙遗址为长安故城南郊的"王莽九庙"礼制建筑遗址(见图2-29)。遗址有11组,每组均为正方形地盘,且每个平面沿纵横两条轴线采用完全对称的布局方法,四周有墙垣覆瓦。各面正中辟门,院内四隅附属配房,院正中为一夯土台,个别台上还留有若干柱础,可知原来台上建有形制严整和体型雄伟的木构建筑群。夯土台每组边长260米至314米,其规模相当大。当时祠庙的通例大概就是这种有纵横两个轴、四面完全对称的布局方法。

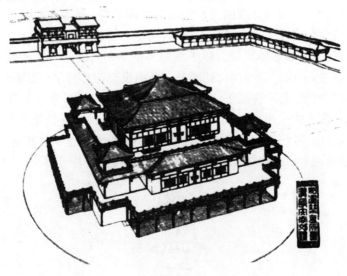

图2-29　汉长安南郊礼制建筑复原想象

(五)陵墓建筑

西汉继承秦朝制度,建造了大规模的陵墓,其形状承袭秦制,累土为方锥形而截去其上部,称为"方上"。最大的方上高约20米。据记载,陵上有高墙、象生及殿屋,现在某些方上顶部还残留少数柱础,方上的斜面也堆积有很多瓦片,可证其上确有建筑。陵内置寝殿与苑囿,周以城垣,设官署和守卫的兵营。陵旁往往有贵族陪葬的墓,并迁移各处的富豪居于附近,称为"陵邑"。

汉朝贵族官僚们的坟墓也多采用方锥平顶的形式。坟前置石造享堂(见图2-30);其前立碑,再前,于神道两侧排列石羊、石虎和附冀的石狮。最外,摹仿木建筑形式,建石阙两座,其台基和阙身都浮雕柱、枋、斗棋与各种人物花纹,上部覆以屋顶。其中,以四川雅安高颐阙的形制和雕刻最为精美,是汉代墓阙的典型作品(见图2-31)。此外,东汉墓前还有建石制墓表的。下部的石础上浮雕二虎,其上立柱。柱的平面将正方形的四角雕成弧形,但不是正圆形,柱身上刻凹槽纹。上端以二虎承托矩形平板,镌刻死者的官职和姓氏,但也有在柱身表面刻束竹纹的。这种墓表到南北朝时代,仍为南朝陵墓所用。

(a)剖面

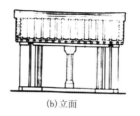
(b)立面

(c)透视

图 2-30　山东肥城县孝堂山郭氏墓石祠

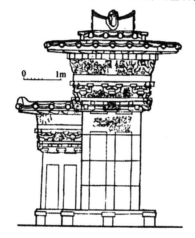

图 2-31　高颐墓石阙西阙立面

　　西汉初期广泛使用木椁墓。据文献所载,帝后陵的墓室,用坚实的柏木作为主要构材,防水措施依旧以沙层与木炭为主。战国末年出现的空心砖逐步应用于墓葬。河南洛阳一带发掘的坟墓,空心砖约长 1.10 米,宽 0.405 米,厚 0.103 米,砖的表面压印各种美丽的花纹,砖的形式仅数种,每一墓室只用 30 块左右的空心砖,不但施工迅速,而且比木椁墓更能抗湿、防腐。之后出现了长 0.25~0.378 米、宽 0.125~0.188 米、厚 0.04~0.06 米的普通小砖,于是墓室结构改为墓道用小砖而墓顶仍用梁式空心砖,到西汉末年改进为半圆形筒拱结构的砖墓。东汉初年,砖筒拱又发展为砖穹窿,至此,墓的布局不但数室相连、面积扩大,并可随需要构成各种不同的平面,墓内还可绘制壁画,或者用各种花纹的贴面砖,也有的在砖上涂黑白二色以组成几何图案,反映了这时期的砖结构有了很大的发展。

　　此外,四川一带盛行崖墓,以乐山崖墓规模最大。其中,白崖崖墓在长达 1 公里的石崖上,共凿有 56 个墓,其中以第 45 号墓所表现的建筑手法最为丰富。此墓外开凿三门,门上施雕刻。门内有长方形平面的祭堂,壁面隐起柱枋。北壁中央有凹入的龛,顶部加覆斗形藻井。龛的两侧各辟一门,门内为纵深的墓室,设灶、龛和石棺。这是汉朝家族合葬的一种形式。

至于山东、江苏、辽宁等省的石墓,在结构上虽属于梁柱系统,但墓的平面布局复杂,如建于东汉的山东沂南画像石墓,具前室、中室和后室,左右又各有侧室二三间,显然受住宅建筑的影响。此墓前室和中室的中央各建八角柱,上置斗拱,壁面与藻井饰以精美雕刻,为研究这时期的建筑式样提供了若干参考。由于砖墓、崖墓和石墓的发展,商、周以来长期使用的木椁墓逐步减少,到汉末三国时期几乎绝迹。

第三章　三国、晋、南北朝时期的建筑

三国时期,魏、蜀、吴三国鼎立,连年战乱,经济遭到严重破坏,而两晋南北朝时期则是中国历史上的一次民族大融合时期。因此,三国时期的建筑发展基本停滞不前,两晋南北朝时期是中国建筑发展的过渡时期。本章主要对三国、晋、南北朝时期的建筑进行研究。

第一节　三国时期的建筑

魏、蜀、吴三国鼎立期间,虽然兼并战争仍旧继续进行,但是三国的统治者为了巩固和发展自己的势力,都比较重视社会生产的发展和社会秩序的安定。比起东汉末年无数军阀割据的纷乱局面来要好得多。实际上,三国鼎立是中国遭受十几年大破坏以后逐渐恢复统一的过渡阶段,三国的统治者在本国内所采取的一些政治、经济措施,如曹操的屯田制和九品中正制的推行,蜀汉诸葛亮的"西和诸戎,南抚夷赵,外结孙权,内修政治"的策略,孙吴发展世家大族的统治政策等,客观上对全国的统一都起着有益的作用,它们的产生和存在都是合理的。

一、三国时期的城市建设与宫殿

(一)城市建设

三国时期,连年战乱,经济遭到严重破坏,建筑发展基本停滞不前,从东汉末期到三国时期的建筑,仅公元 216 年曹操建设的邺城与魏文帝营建的洛阳有一些发展。邺城在河南安阳东北,北临漳水,平面呈长方形,东西长约 3 000 米,南北长约 2 160 米,以一条东西大道将城分为南北两部分。邺城的南部为住宅区,而北部则为苑囿、官署,分区明确,交通方便,后为南北朝、隋唐的都城建设所借鉴(见图3-1)。

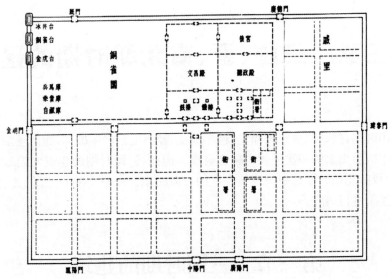

图 3-1　曹魏邺城平面想象

(二)三国宫殿

黄初元年(220年),曹丕称帝建魏,定都洛阳(汉魏洛阳故城),开始了对东汉雒阳城的新建与重建。曹魏政权重点修复了北宫,起太极殿,采取了单一宫制,即宫城位于全城中轴线北端"居中建极"。居中建极的宫城上应北极星,这是中央集权得以强化的表现。单一宫制意在树立中央皇权的绝对威信,改变了曹魏邺城两宫并置的模式。

公元227年,魏明帝曹叡继位。初期因忙于对吴、蜀作战,无暇顾及宫室建设。公元234年,蜀国丞相诸葛亮去世,战事趋于缓和,魏明帝决意在洛阳大修宫殿、苑囿、宗庙、社稷,整修城池、道路,而自己暂住许昌。公元235年,魏明帝用工徒三四万人,陆续修建了主殿太极殿、后宫正殿昭阳殿。据《太平御览》《资治通鉴》等史书记载,太极殿建在高大的二层台上,面阔12间,正面设左右两个升殿的踏步。殿内设有金铜柱4根,是魏宫最豪华、巨大的殿宇,两侧分别建有东堂和西堂。太极殿是皇帝举行大朝会等重要礼仪活动的主殿,东堂是皇帝日常处理朝政、召见群臣、讲学之所,西堂是皇帝日常起居之所。正殿太极殿与东西堂呈一字并列,这种布局起源于曹魏洛阳城,并一直到北朝末年隋朝修建大兴宫才改变,使用时间达350年之久。

太极殿是我国古代著名的宫殿(见图3-2)。自三国时期魏明帝始建太极殿,直至唐朝,历代皇宫正殿(类似于北京故宫的太和殿)皆为太极殿,北宋西京洛阳的大内正殿亦为太极殿,清代北京紫禁城亦有太极殿。太极殿的建造,确定了汉魏洛阳城的建筑布局中心,而以太极殿为中心的宫城布局形态,标志着中国古代都城布局进入了一个新的历史时期。

太极殿北有式乾殿,为皇帝正殿。式乾殿北有昭阳殿,为皇后正殿,殿前庭中有魏明帝时铸的高达24丈的铜龙、铜凤,十分奇伟。这些殿堂各自都有四门和廊庑围绕而成的巨大宫院。太极殿前有通向宫城南正闭司阅门的主干大街,并由此而形成一条由南而北的主轴线。

图3-2　太极殿

二、东汉三国时期的造园堆山

(一)神山禅变

园林作为宫室宅邸的延伸和社会上层的享受娱乐空间,其内容、布局自然能反映园主的生活情趣。尤其是"长生不老"对于那些享有既得利益的社会上层来说更具诱惑力。与秦、西汉时期将人工山水当作求仙的手段有所不同,东汉、三国时期,社会上层虽然也喜好神仙,但已没有了秦、西汉时期那般狂热与执着,也并非欲往天国,而是要更好地享受现实。如同东汉、三国时期神仙传说转变为世俗的宗教一样,从此间的有关文献及大量的画像砖、画像石来看,壁绘仙灵、昆仑升仙、东王公、西王母等是东汉、三国时期阳宅、阴宅流行的装饰题材之一。东汉初期,神权与政权合流,谶纬神学由于受到统治者的推崇而得以发展,致使儒士文化沉溺于虚妄的审美氛围之中。

东汉、三国时期的神仙,已不再漂逸于海上或云游于昆仑,而是"定居"于现实的名山之中。"五岳"成了西王母等众神仙的离宫,于是出现了"洞天福地"之说。这些传说广泛见诸于当时的文学作品中,如桓谭的《仙赋》,描写王乔、赤松飞集于泰山之台;班固的《终南山赋》,将终南山描写成仙灵云集,凡人在此可延年益寿,蝉蜕成仙。在气候宜人、仙药滋生、可望可及的终南山登仙,较之于蓬莱三岛、昆仑之墟无疑要便捷得多。除去这些名山有"神仙"外,一些不起眼的山水也有仙灵栖息。如郑州新郑县北的壶山,在东汉时也被传为列仙居处,《南都赋》中记载,"若夫天封大狐,列仙之陬"。"陬"意为山脚,"大狐"即壶山(见《文选李注义疏》)。连地近都城的壶山脚下也有神仙居住,很显然神仙与人的距离大大地缩小了。其实,不仅仅是空间的距离在变化,凡人"成仙"也并非登天之难事,选择静谧的自然境域,经由修炼,凡人也能"升仙"。《后汉书·逸民列传》叙述了东汉矫慎的成仙过程,西汉的老臣东方朔、刘安等在东汉均被传为神仙。加之东汉、三国的道士喜选择风景优美的山林修行、炼丹,在如此的氛围中,时人的目光也就很自然地从虚无飘缈的海市蜃楼转向现实山水。

神仙走出虚幻的境界而进入现实的山林,这不单纯是一种宗教现象。从根本上说,它反映了东汉、三国时期人们对美好生活的憧憬,快活的神仙与自然融合形成了现实世界中的仙境,人人皆可登临,这更加激励了时人向往自然、游览山水的热情。帝王、外戚、宦官享有特权,封禅巡游、徘徊山林自然不在话下。另外,东汉时期商业发展迅速,城市经济繁荣,因此产生了为数不少的社会闲适阶层,因此工商巨富也成为东汉游仙阶层中的主要成员。这一部分人不仅有金钱、时间,更有丰富的游览经历,他们不仅远足名山胜境,而且摹拟自然山水再现于园林之中,以满足其足不出户便可游览山水的愿望,享受神仙般的快乐,这便是东汉、三国时期造园摹仿自然的主要原因。

(二)堆山四例

东汉、三国时期的造园,一改秦、西汉时期那种热衷于对虚妄仙境的塑造,转而如实地再现自然山水。东汉梁冀"于洛阳城内起甲第,而寿(孙寿,梁冀妻)于对街起宅,竟与冀相高。作阴阳殿,连阁通房,鱼池钓台……;又采土筑山,十里九坂,匠之巧"(袁宏《后汉纪》),梁冀于宅园中摹仿崤山筑造假山。崤山堪称黄河中游的一座名山,位于河南与陕西交界处,因其设关隘。《吕氏春秋》中列有"九塞",崤山即为其中之一。班固的《西都赋》中有"左据函谷二崤之阻"的描述。所谓"二崤"亦即东崤与西崤，东西二崤相距30余里。东崤有长坂数里，峻阜绝涧，山势险峻；西崤有石坂12里，险绝不异东崤。西崤又称石崤，东崤在河南永宁县北，西崤在陕川东南。除了自然之美而外，丰富的传说也给崤山抹上层层神秘的色彩。诸如"崤山上不得鼓角，鸣则风雨忽至""夏后皋之墓""文王之所避风雨"等，俨然一座仙山。这对于当时大权在握的梁冀来说，的确令他玄想不已。梁冀宅园对二崤的摹仿颇费了一番功夫，袁宏的《后汉记》称其"穷极工匠之巧"，描述梁园中的假山"山多峭坂，以象二崤"；范晔的《后汉书》则记为："深林绝涧，有若自然，奇禽驯兽，飞走其间。"崤山多"峻阜绝涧"（班固语），与之相应，梁冀园中假山亦有"峭坂""深林绝涧"（范晔语），可见这种摹仿在人造假山与所表现对象之间存在着明显的景观对应关系，其目的不外要使人造之假山有若真的崤山一般。所谓"峭坂"，意为陡峭的山坡。除去在地形塑造上摹仿真实的崤山外，梁园的假山上还广植树木，并且放养奇禽驯兽出没其间，以增强假山的真实感。

东汉的大内禁苑西园中堆筑假山，摹仿少华山。张衡《东京赋》中有"西登少华，亭候修敕"之句。《文选·东京赋·李注》曰："谓西园中有少华之山。"另外，蔡质的《汉官典职》中也记有："宫中苑，聚土为山，十里九坂，种奇树，育麋鹿麂，鸟兽百种。"从上引材料可知，西园中堆土成山，在手法上与梁冀园如出一辙。少华山又称小华山，在陕西省华县东南，《山海经》载："太华山西八十里曰小华山。"山上绿竹遍野，浓荫蔽天。渭水西来，萦绕山前，山水相映，景观优美。西园假山种有奇树，并且放养驯良的禽兽近百种，无疑是要通过对景物细节的摹仿以造成真山一般的景观效果。此外，西园土山上还建有楼馆，所谓"亭候修敕"。《周礼·地官·遗人》曰："市有候馆。"郑注曰："候馆楼，可以观望也。"可见西园的景观与当时传说中的仙境已相去不远了。

三国时期，魏明帝于景初元年对芳林园加以改造，其中一项工程便是于芳林园西北隅堆筑景阳山。据《三国志·魏志·高堂隆传》记载："（明）帝愈增崇宫殿，雕饰观阁，凿太行之石英，采谷城之文石，起景阳山于芳林之园，建昭阳殿于太极之北。"又据《魏略》记："起土山于芳林园西北陬，使公卿群僚皆负土成山，树松竹杂木善草于其上，捕山禽杂兽置其中。"芳林园中的这座假山已不单纯是土筑之山，而是土石并用。山上栽种竹树花草，并放养禽兽于山中，在造园手法上与上文的梁园、西园相同。曹魏时期在南阳筑有离宫台观，故明帝等频繁巡幸南阳。南阳境内有景山，为石山，《中山经》称："荆山之首曰景山，东北百里曰荆山，又东北五十里曰骄山。"南阳古属荆州，其境内的景山出产紫石英。《魏春秋》载："黄初元年，文帝愈崇宫殿雕饰观阁,取白石英及紫石英五色大石于太行谷城之山,起景阳山于芳林园……"魏明帝于芳林园中筑景阳山,其中便选用白石英、紫石英等石料,这恐非巧合,芳林园中的景阳山很可能系模拟南阳之景山,所谓"阳"者,只因山位于园中西北隅,其东南有天渊池,水北故谓之"阳"。

东吴的孙皓营造新宫(昭明宫),于宫苑之中起土山楼观,穷极技巧。《建康实录》卷4中记载:"(孙皓)大开园囿,起土山作楼观,加饰珠玉,制以奇石……穷极技巧,功费万倍。"其中的土山楼观之做法与东汉西园相类似,而以土石并用堆筑假山又与曹魏芳林园相近,由此可见,这一阶段造园堆山的手法大体上是相同的。

(三)堆山技术

由上述东汉、三国时期造园堆山的4个实例可以发现,这一阶段造园堆山与秦西汉相比有长足的发展。从技术上看,堆筑土山在东汉三国已不是难以为之的工程,而是大型园林中常见的一种造景方式。在东汉以土筑山的基础上,三国时期发展为土石并用,从而对于山林景观的塑造更进了一步,加强了人工假山的艺术表现力。再就假山的形体而言,东汉三国的人工假山已具有绵延起伏、岗阜逶迤之势,地形、地貌有若自然一般。这较之于秦西汉园林中那些"惟有山意"的土冢或"一池三山"无疑是一次飞跃。此间的假山广植林木、放养禽兽、建筑楼馆,可见一般体量较大。关于梁园、西园的假山,史籍上均有"十里九坂"的描述,就这两处园林而言,处于宫宅园林之中的假山恐怕也不至真有"十里九坂"之规模。

综合汉魏南北朝的有关文字材料可以发现,所谓"十里九坂"其实为汉晋之际描述岗阜绵延起伏的一句极常用的套话,其中"十"与"九"并没有具体的数值意义。除去上文所引袁宏《后汉纪》、范晔《后汉书》及蔡质《汉官典职》中有使用外,张衡《东京赋》中有"西阻九阿,东门子旋"的描述,郭璞注曰:"旋,今新安县十里有九坂。阻,险也。阿,曲也。"又如《水经注·洛水》中有"洛水东,迳九曲南,其地十里,有坂九曲"之记载,诸如此类,不胜枚举。文中的"坂"与"阪"为异体字,意为山坡。从"十里九坂"的真实含义也可以推知,东汉三国的造园堆山大抵以丘陵地貌为基本特征,山地局部景观特征则通过堆叠山石加以表现。四川德阳出土的一块画像砖上显示,上部为起伏的岗峦,山上树木扶疏,山下为一莲池。水面上有荷花、游鸭,另有一人荡舟池上。从画面上看,其景象与文献记载之梁冀园似乎相去不远,尤其是岗阜当为"十里九坂"之形象反映。

（四）景象塑造

追求景象的真实感是东汉、三国时期造园堆山的一大基本特征。摹拟自然山川力求毕肖，从模仿山的形体到植以林木、放养动物，尽可能完整地再现自然景观。与秦、西汉时期所采用的象征性手法不同，东汉、三国时期的人工堆山具有鲜明的写实性，经由"转移模写"求得假山与真山间的形似，所不同的只是尺度较小罢了，因而造园堆山有如自然之缩景。

造园堆山"有若自然"既反映了此间人工假山之水准，也代表了这一阶段造园审美的一种倾向。东汉、三国时期，人们对于自然山川的认识尤其是山地景观的外部形象特征已有较深入的研究，譬如应劭的《风俗通》对"林""麓""京""陵""丘""墟""阜""培""薮""泽""沆"等山林泽薮的形象特征均有详尽的描述。许慎的《说文解字》、吴普的《神龙本草经》等时人著述，对自然景观形态有深入的了解，远非秦、西汉时期那种粗略的山川概念所能比拟。造园"有若自然"是以时人自然知识的积累为前提的，当然与两晋以后刻意于自然之"道"的表现还是有所不同的。东汉、三国时期造园对山林的塑造还只是建立在感性的基础上，追求真实的具体，而没有玄想与哲理化的趣味。同期的文学、绘画、雕塑也都具有鲜明的写实主义色彩，一改西汉那种铺陈辞藻、古拙粗放，转向细腻真实地描绘景物，这与当时人们的自然认识水平是一致的。就艺术创作层面而言，"有若自然"即要求艺术品与所反映对象间保持某种相似性。

在"形"与"神"的关系上，东汉、三国时期倾向于以形传神。嵇康在《养生论》中明确提出："形恃神以立，神须形以存。"事物的形与神之间存在着辩证关系，"形"是"神"存在的基础，"神"又是"形"的依据，形神兼备方可"有若自然"，这大概就是该阶段现实主义造园观的一个核心。再以哲学层面论，"有若自然"则又是时人自然观在造园中的反映。自然界的一切都是"气"化的结果，这一观点在西汉已颇为流行，东汉时期深受推崇。班固的《终南山赋》曰："流泽遂而成水，停积结而为山。"在班固看来，山水也是"气"之流动与郁积的结果。许慎的《说文》中提出："山宣也，谓宣散气生万物也，有石高象形。"山上生有万物，并且立有石头从而构成典型的山地景观。王充《论衡·物势篇》更进一步说："因气而生，种类相产，万物生天地之间，皆一实也。"天地间的一切都是"气"的物化，是不受人的意志所左右的客观实在，自然界的一切都是其存在本原的理想状态，是一个和谐的整体。王充的《论衡·量知篇》中说："地性生草，山性生木。如地种葵山树枣栗，名曰美园茂林。"

不同的生态环境适宜生长不同的植物，唯其如此方可称为"美园"。《论衡·书解篇》说:"且夫山无林则为土山,地无毛则为泻土,……,土山无麋鹿,泻土无五谷,人无文德,不为圣贤。"这里王充以山林为引,谈到了自然界应有的和谐状态,王充的观点在当时颇具代表性,九江太守宋均等人均有类似论点。可见时人观念中完美的山林景象应为:山必有林木、有禽兽,这与此间造园堆山所表现的审美理想是完全一致的,造园如实地摹仿对象,以保持自然固有的和谐。

第二节　两晋、南北朝时期的建筑

一、两晋、南北朝时期的社会变动和建筑概况

(一)两晋、南北朝时期的社会变动

两晋和南北朝是中国历史上一次民族大融合时期。公元 280 年,西晋灭吴,统一了中国,政权还没有巩固,统治阶级内部就爆发了争权夺位的混战,西晋王朝很快就瓦解了。当时匈奴、鲜卑、羯、氐、羌等西北民族的上层分子,乘机展开了争夺地盘、建立割据政权的斗争。从公元 304 年到公元 439 年,先后在中原和西北建立了十几个国家,这就是历史上所称的"十六国时期"。这时北方的民族矛盾和阶级矛盾呈现出错综复杂的形势,直到公元 460 年北魏灭掉北凉在新疆的残余政权才统一了中原和北方。

公元 317 年,即西晋灭亡的次年,晋元帝(司马睿)在中国南部建立东晋。公元420 年,宋武帝(刘裕)夺取东晋政权,建立宋朝。这就开始了中国南部的宋、齐、梁、陈与北部的北魏、东魏、西魏、北齐、北周相对峙的南北朝时代。

十六国时期,中原地区的经济遭到严重破坏,人口大量减少。北魏统一中原后,社会开始趋于稳定,经济逐渐恢复起来。江南一带,由于中原人口大量南迁以及战争较少,农业与手工业随之繁荣发展。从东晋建立到陈灭亡的 300 年间,南方经济和文化的发展水平始终超过北方。

在意识形态方面,魏、晋以来,士大夫阶级纵情享受、腐化堕落,玄学思想得以发展起来。同时,政治动荡、战争频繁,人民生活痛苦,宣扬天堂乐趣的佛教得以广泛流传,道教也在这时形成并得到发展。由于宗教能麻痹劳动群众的斗争性,因而统治者除利用儒学之外,更着重提倡宗教。这一时期,在思想领域里,出现了一个

儒、道、佛互相斗争和互相交融的局面。思想领域的活跃,大大推进了文学和艺术的发展。

(二)两晋、南北朝时期的建筑概况

十六国和北朝的统治者,大多是中国西北部的游牧民族。他们进入中原以后,极力汲取汉族的文化,尤以北魏孝文帝(拓跋宏)励行汉化政策,产生了相当大的影响。在城市建设和建筑方面,他们按照汉族的城市规划、结构体系和建筑形象,在洛阳、邺城的旧址上修建都城和宫殿。西北和北方地区也建造了龙城(今辽宁朝阳县)、统万城(今陕西靖边县)并扩建了盛乐城(今内蒙古和林格尔县)、平城(今山西大同市)。这些城市的建设促进了各民族建筑形式的融合。

东晋定都建康(今江苏南京市),在三国时期吴旧都建业的故址上,沿用汉魏以来中原建筑的形式建造宫殿,后来南朝又继续改建和扩建。

由于长期战乱,南北朝各个地方的乡镇都建造了大量的坞堡。一般都住有几十户到几百户人家,最大的多至万户。这时期的建筑,除宫殿、住宅、园林等继续发展外,又出现了一种新的建筑类型,就是佛教和道教建筑。各朝的统治者多提倡佛教,如十六国时期,后赵石勒和前秦苻坚大兴佛教,建立寺塔;北魏和南朝的齐、梁尤为崇佛,广建寺塔,遍及全国。这个时期还开凿了若干规模巨大和雕刻精美的石窟,成为存留至今的一份极为宝贵的艺术遗产。总之,两晋、南北朝时期的匠工在继承秦汉建筑成就的基础上,吸收了印度、犍陀罗和西域佛教艺术的若干元素,丰富了中国建筑,为后来隋唐建筑的发展奠定了基础。

二、两晋、南北朝时期的建筑类型及特点

两晋和南北朝时期,南、北方在生产发展上比较缓慢,在建筑上也没有太多的创造和革新,主要是沿袭和继承了汉代的成就。但由于佛教的传入,引起了佛教建筑的发展,出现了高层佛塔,并带来了印度、中亚一带的雕刻、绘画艺术,不仅使我国的石窟、佛教、壁画等有了巨大发展,而且也影响到建筑艺术,使汉代比较质朴的建筑风格变得成熟、圆淳。

(一)城市建设

西晋、十六国和北朝前后分别兴建了很多都城和宫殿,其中规模较大、使用时间较长的是邺城和洛阳。东晋和南朝则始终建都于建康。

1. 邺城

十六国时期的后赵,在公元 4 世纪初沿用曹魏旧城的布局,把邺城重新建造起来(见图 3-3)。城墙的外面用砖建造,城墙上每隔百步建一楼,城墙的转角处建有角楼。宫殿也是沿用曹魏洛阳宫殿的布局,在大朝左右建处理日常政务的东西堂。除此之外,又建华林园及台观 40 余所,工役死者数万人。但是这些宫殿、台观,只经过十几年就被战火所毁。

图 3-3 邺城遗址

天平元年(公元 534 年),东魏自洛阳迁都于邺,在旧城的南侧增建新城。新城东西 6 里(约 3 240 米),南北 8 里 60 步(约 4 428 米),一般称为邺南城。它的布局大体继承了北魏洛阳的形式,并自洛阳迁移大批宫殿于此。宫城位于城的南北轴线上,大朝太极殿的左右虽建东西堂,但在这组宫殿的两侧又并列含元殿和凉风殿,而太极殿后面还有朱华门和常朝昭阳殿,可以看出东魏宫殿的布局除沿用曹魏洛阳宫殿的旧制以外,同时又附会了《礼记》所载的"三朝"布局思想。它对于隋唐两朝废止东西堂、完全采取"三朝"制度,起着承前启后的作用。宫城北面为苑囿。宫城以南建官署及居住用的里坊。城外东西郊又建有东市和西市。公元 550 年,北齐灭东魏,仍以邺为都城,增建了不少宫殿,并在旧城西部建造大规模的苑囿,又重建铜雀等三台,改称"金凤""圣应""崇光"。旧城东部则从东魏起作为贵族的居住地区。公元 577 年,北周灭北齐,这座宏丽的都城受到破坏,后来成为废墟。

2.洛阳

洛阳是我国五大古都之一。从东周起,东汉、魏、西晋、北魏等朝均建都于此。北魏洛阳是在西晋都城洛阳的故址上重建的(见图3-4)。洛阳北倚邙山,南临洛水,地势较平坦。它有宫城和都城两重城垣,都城即汉魏洛阳的故城,东西长约3 100米,南北长约4 000米。宫城在都城的中央偏北一带,基本上是曹魏时期的北宫位置,宫北的苑囿也是曹魏芳林园故处。

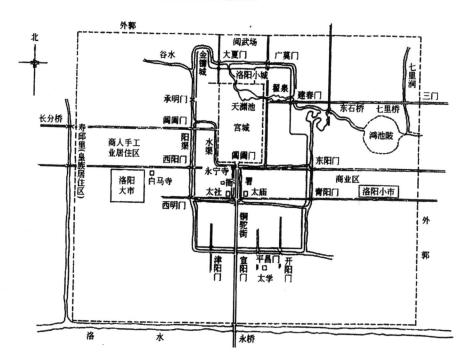

图3-4　北魏洛阳平面想象

宫城之前有一条贯通南北的主干道——铜驼街,两侧分布着官署和寺院。洛阳城内的绿化是很整齐的,河道两岸遍植柳树。

3.建康

从汉献帝建安十六年(211 年),东吴孙权迁都建业起,历东晋、宋、齐、梁、陈300 余年间,共有六朝定都于此,东吴时称建业,东晋时改称建康。建康位于秦淮河人口密集地带,面临长江,北枕后湖,东依钟山,形势险要。建康城南北长,东西略狭,周长约8 900米。北面是宫城所在地。宫城平面呈长方形,宫殿布局大体依仿魏晋旧制,正中的太极殿是朝会的正殿,正殿的两侧建有皇帝听政和宴会的东西二堂,殿前又建有东西两阁。

城的南北轴线上有大道向南延伸,跨秦淮河,建浮桥,直达南郊。大道东西散布着民居、商店和佛寺等,贵族住宅则多建于青溪附近的风景区。此外,为了军事需要,又在城外东南建东府城、西北建石头城(见图3-5)。

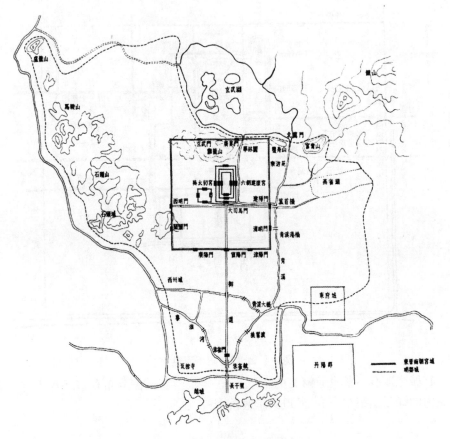

图3-5 东晋南朝建康平面想象

两晋、南北朝时期的城市,多是继承东汉洛阳和汉末邺城的规划发展而来的。宫室都建在都城中心偏北处,构成以宫室为中心的南北轴线布局。宫殿的布局,把前殿的东西厢扩展为东西堂。到东魏,又附会"三朝"制的思想,在东西横列三殿以外,又有以正殿为主的纵列两组宫殿。这种纵列方式后来为隋、唐、宋、明、清等朝代所沿用,并发展为纵列的三朝制度。洛阳与邺城的居住区,沿袭汉长安的闾里制度,但市场移到都城外的南部及东西两侧,比汉长安的市场更为集中。后来规模巨大、规划整齐的隋唐长安城就是在这些基础上发展而来的。

（二）寺院和佛塔

我国是一个多民族、多信仰的国家,比较具有影响力的宗教是佛教、道教和伊斯兰教。其中佛教历史最长、传播最广,留下了丰富的建筑和艺术遗产。佛教在汉朝自印度传到我国,在两晋、南北朝时期得到推崇和极大的发展,并建造了大量寺院和佛塔。北魏洛阳内外,就建寺 1 200 余所。南朝建康一地,亦有庙宇 500 余处。

北魏洛阳的永宁寺是由皇室兴建的极负盛名的大刹。寺的主体部分由塔殿和廊院组成,并采取了中轴对称的平面布局,其核心是一座位于 3 层台基上的 9 层方塔,塔北建佛殿,四面绕以围墙,形成一宽阔的矩形院落。院的东、南、西三面中央辟门,上建门屋,院北置较简单的乌头门。其余僧舍等附属建筑千间,则配置于主体塔院后方与两侧。寺墙四隅建有角楼,墙上覆以短椽并盖瓦,一如宫墙之制。墙外掘壕沟,沿沟栽植槐树。

其他佛寺,很多是由贵族官僚捐献的府第和住宅所改建的,以殿堂为主,往往"以前厅为佛殿,后堂为讲堂"。这些府第和住宅的建筑形式融合到佛寺建筑中,佛寺内有许多楼阁和花木,北魏洛阳的建中寺即是如此。

由上述以佛塔为主和以殿堂为主的两种佛寺的布局方法,可看出外来的佛教建筑到了中国以后很快被传统的民族形式所融和,创造出中国佛教建筑的形式。佛塔原是佛徒膜拜的对象,后来根据用途的不同而又有经塔、墓塔等。

我国的佛塔,在类型上大致可分为楼阁式塔、密檐塔、单层塔、喇嘛塔和金刚宝座塔。在两晋、南北朝时期,佛塔的主要形式有木构的楼阁式塔和砖造的密檐塔。

楼阁式塔是仿我国传统的多层木构架建筑,它出现最早,数量最多,是我国塔中的主流。以洛阳永宁寺塔为代表,该塔是北魏最为宏伟的建筑之一(见图3-6)。该木塔建于相当高大的台基上,它使用了木制的柱、枋和斗栱,塔身自下往上,逐层减窄减低,向内收进。塔高 9 层,截面呈正方形,每面 9 间,每间有 3 门 6 窗。门漆为朱红色,门扉上有金环铺首及 5 行金钉。塔顶的刹上有金宝瓶,四周悬挂金铎。

图 3-6 洛阳永宁寺塔复原

　　河南登封县嵩岳寺塔为密檐塔,建于北魏正光四年,是中国现存年代最早的砖塔(见图 3-7、图 3-8)。塔平面为 12 边形,是我国塔中的孤例,高 40 米,共 15 层,底层转角用八角形倚柱,门楣及佛龛上用圆拱券,但装饰仍有外来风格。密檐出挑都用叠涩,未用斗棋。塔心室为八角形直井式,以木楼板分为 10 层。塔身外轮廓有柔和收分,塔刹也用砖砌成。密檐间距离逐层往上缩短,与外轮廓收分配合良好。檐下设小窗。根据各层塔身残存的石灰面可知,此塔外部色彩原为白色,这是当时砖塔的一个特点。嵩岳寺塔的结构、造型和装饰是我国古代砖塔建造的一种开创性尝试,它的成功对以后砖塔的建造产生了极大的影响。

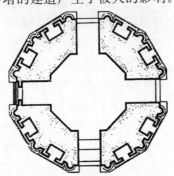

图 3-7 河南登封县嵩岳寺塔平面

图 3-8　河南登封县嵩岳寺塔

（三）住宅与园林

1. 住宅

南北朝时期,北方贵族住宅大门用庑殿顶和鸱尾,围墙上连排之棂窗,内侧为廊包绕庭院。一宅之中有数组回廊包绕的庭院及厅堂。有些房屋在室内地面布席而坐,也有些在台基上施短柱与枋,构成木架,在其上铺板而坐。

这一时期由于民族大融合,使家具发生了很大变化:床增高,上部加床顶,周围施以可拆卸的短屏。床上出现倚靠用的长几、隐囊和半圆形屏几,两折四叠的屏风发展为多折多叠(见图 3-9)。这时期垂足而坐的高坐具——方凳、圆凳、椅子、束腰形圆凳等也进入了中原地区。敦煌石窟一些壁画中反映了这一时期的家具类型(见图 3-10、图 3-11)。

图 3-9　南北朝时期的大床

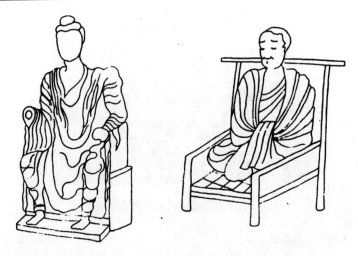

图 3-10　两晋、南北朝时期的椅子(敦煌第 285 窟)

(a)束腰型圆凳(龙门莲花洞)　(b)方凳(敦煌第257窟)

图 3-11　两晋、南北朝时期的凳子

2.园林

我国自然式山水风景园林在秦汉时期开始兴起,在魏、晋、南北朝时期有了较大发展。由于贵族、官僚追求奢华的生活,标榜旷达风流,以园林作为游宴享乐之所,聚石引泉,植树开涧,造亭建阁,以求创造一种比较朴素、自然的意境,如北魏洛阳华林园、梁江陵湘东苑等。

（四）陵墓建筑

建业曾先后是东晋和南朝的宋、齐、梁、陈的都城,陵墓分布于南京、句容、丹阳等地。南京西善桥大墓,是南朝晚期的贵族大墓(见图 3-12)。墓室为纵深的椭圆形,长 10 米,宽与高均为 6.7 米,上部为转穹窿顶。甬道也是砖砌成的,甬道墙上用花纹砖拼装,设有石门两道,门上浮雕人字形叉手。

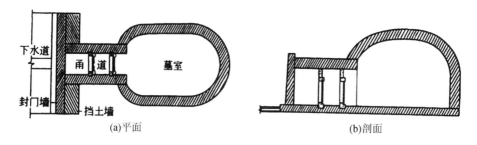

(a)平面　　　　　　　　　　　　　(b)剖面

图 3-12　南京市西善桥南朝大墓

现存的南朝陵墓大都无墓阙,而是在神道两侧置附翼的石兽,其中皇帝陵墓用麒麟,贵族墓用辟邪(见图 3-13),左右有墓表及碑。其中,萧绩墓表形制简洁、秀美,是汉代以来墓表中最精美的一个(见图 3-14)。

图 3-13　南京萧绩墓石辟邪

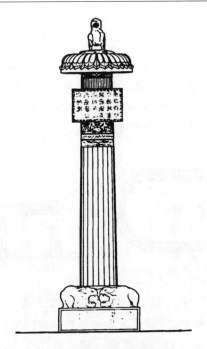

图 3-14　南京梁萧绩墓墓表

　　在河南邓县曾发现一座彩色画像砖墓(见图 3-15、图 3-16、图 3-17),距今 1 000 多年,墓的券门上画有壁画,壁画之外砌了一层砖,中间灌以粗砂土。该墓分墓室和甬道两部分,墓壁左右各有几根砖柱,柱上砌有 38 厘米×19 厘米×6.5 厘米的画像贴面砖,用 7 种颜色涂饰。由此可以了解这个时期的墓室色彩处理方法和效果。

图 3-15　河南邓县彩色画像砖墓(一)

图 3-16　河南邓县彩色画像砖墓(二)

图 3-17　河南邓县彩色画像砖墓(三)

(五)石窟

南北朝时期,凿崖造寺之风遍及全国。西起新疆,东至山东,南至浙江,北至辽宁,著名的石窟有大同云冈、洛阳龙门、敦煌鸣沙山、天水麦积山、永靖炳灵寺、巩县石佛寺、磁县南北响堂山。从建筑功能布局看,石窟可分为 3 种:一是塔院型,即以塔为窟的中心,这种窟在大同云冈石窟中较多;二是佛殿型,佛像是窟中心的主要内容,这类石窟较多;三是僧院型,主要供僧侣打坐修行之用,其布置为窟中置佛像,周围凿小窟若干,每窟供一僧打坐,敦煌第 285 窟即属此类。

1. 山西大同云冈石窟

武周山在山西大同西郊 16 公里处,云冈石窟在此处开凿,长约 1 公里,有窟 40 多个,大小佛像 10 万余尊,是我国最大的石窟群之一(见图 3-18、图 3-19)。其始建于北魏兴安二年(453 年),有名的昙曜五窟(现编号为第 16～20 窟),就是当时的作品。由于其石质较好,所以全用雕刻而不用塑像及壁画,虽然吸收了印度的塔柱、希腊的卷涡柱头、中亚的兽形柱头以及卷草、璎珞形象等,但在建筑上,从整体到局部,都是中国传统的建筑风格。早期的石窟平面呈椭圆形,顶部为穹隆状,前壁开门,门上有洞窗。后壁中央雕大佛像,其左右侍立菩萨,左右壁又雕刻有许多小佛像,布局较局促,洞顶及洞壁未加处理。后来平面多采用方形,规模大的分成前后两室,或在室中设塔柱。窟顶使用覆斗或长方形、方形平棋顶棚。

图 3-18　山西大同云冈石窟

图 3-19　山西大同云冈石窟佛像

2. 山西太原天龙山石窟

天龙山石窟在太原南 15 公里处,始凿于北齐,有 13 窟(见图 3-20)。窟平面呈方形,室内三面设龛,均无塔柱,顶部都是覆斗形。天龙山第 16 窟完成于公元 560 年,是这个时期最后阶段的作品(见图 3-21、图 3-22)。它的前廊面阔 3 间,八角形,

列柱在雕刻莲瓣的柱础上,柱子比例瘦长,且有显著的收分,柱上的栌头、斗栱的比例
与卷杀都做得十分准确,廊子的高度和宽度以及廊子和后面窟门的比例都恰到好处。
天龙山石窟中仿木建筑的程度进一步增加,表明石窟更加接近一般庙宇的大殿。

图 3-20　山西太原天龙山石窟

(a)立面　　　　　　　　　(b)剖面　　　　　　　　　(c)平面

图 3-21　山西太原天龙山石窟第 16 窟(一)

图 3-22　山西太原天龙山石窟第 16 窟(二)

3.甘肃敦煌石窟

敦煌石窟始凿于东晋穆帝永和九年(353年),位于敦煌市东南的鸣沙山东端。现存北魏至西魏窟22个,隋窟96个,唐窟202个,五代窟31个,北宋窟96个,西夏窟4个,元窟9个,清窟4个(见图3-23)。鸣沙山由砾石构成,不宜雕刻,所以用泥塑及壁画代替。敦煌地广人稀,且气候干燥,因此上述作品才能得以长期保存。

图 3-23　甘肃敦煌石窟

北魏各窟多为方形平面,或规模稍大,具有前后两室;或在窟中央设一巨大的中心柱,柱上有的刻成塔状,有的雕刻佛像;窟顶则做成覆斗形、穹窿形、方形或长方形。在布局上,由于窟内主像不过分高大,与其他佛像相配比较恰当,因而内部空间显得广阔。窟的外部多雕有火焰形券面装饰的门,门以上有一个方形小窗。同时,这一时期的壁画也反映了当时的建筑风格,如敦煌莫高窟第257窟壁画中的北魏建筑(见图3-24)。

图 3-24　敦煌莫高窟第 257 窟壁画中的北魏建筑

中国的石窟来源于印度的石窟寺。石窟寺是佛教建筑中的一个重要类型,它是在山崖陡壁上开凿出来的洞窟形的佛寺建筑。它和中国的崖墓相似但又不同,崖墓是封闭的墓室,而石窟寺是供僧侣的宗教生活之用。这些石窟建筑和精美的雕刻、壁画是我国古代文化的宝贵遗产。

三、两晋、南北朝时期的建筑材料、技术和艺术

(一)两晋、南北朝时期的建筑材料

在建筑物中使用的材料统称为建筑材料,建筑材料可分为结构材料、装饰材料和某些专用材料。两晋、南北朝时期建筑材料的发展,主要是砖、瓦产量和质量的提高与金属材料的运用。其中金属材料主要用作装饰,如塔刹上的铁链、门上的金钉等。

(二)两晋、南北朝时期的建筑技术

在技术方面,大量木塔的建造,显示了当时木结构技术的水平。这时期的中小型木塔用中心柱贯通上下,以保证其整体牢固,这样斗栱的性能得到进一步发挥。这时期的木结构构件仅敦煌石窟中保存着几个单栱。木结构形成的风格使建筑构件在两汉的传统上更为多样化,不但创造了若干新构件,其形象也朝着比较柔和精美的方向发展。例如,台基外侧已有砖砌的散水;柱基础出现覆盆和莲瓣两种新形式(见图 3-25、图 3-26);八角柱和方柱多数具有收分;此外还出现了棱柱,如定兴石柱上小殿檐柱的卷杀就是以前未曾见过的棱柱形式。栏杆式样多为勾片,柱上的栌头除了承载斗栱以外,还承载内部的梁,斗栱有单栱也有重栱,除用以支承出檐外,还用于承载室内顶棚下的枋。

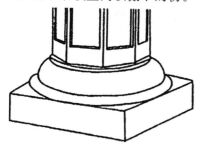

图 3-25　甘肃天水麦积山第 43 窟覆盆柱础

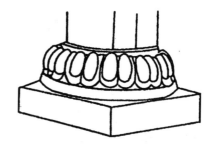

图 3-26　河北定兴义慈惠石柱莲瓣柱础

砖结构在汉朝多用于地下墓室,到北魏时期已大量运用于地面了。河南登封嵩岳寺塔标志着砖结构技术的巨大进步。

到南北朝时期,无论在石窟开凿的规模上或在精雕细琢的手法上,都达到了很高的水平,如麦积山和天龙山的石窟外廊雕刻。

(三)两晋、南北朝时期的建筑艺术

建筑装饰花纹在北朝石窟中极为普遍,除了秦汉以来的传统花纹外,随同佛教传入我国的装饰花纹,如火焰、莲花、卷草、璎珞、飞天、狮子、金翅鸟等纹样,不仅应用于建筑方面,还应用于工艺美术等方面(见图 3-27、图 3-28)。特别是莲花纹、卷草纹和火焰纹的应用范围最为广泛。

图 3-27　北朝装饰花纹(一)

图 3-28　北朝装饰花纹(二)

概括地说,现存的北朝建筑和装饰风格,最初是拙壮、粗壮,略带稚气,到北魏末年,呈现雄浑而带巧丽、刚劲而带柔和的倾向。南朝建筑和装饰风格在 6 世纪已具有秀丽、柔和的特征。总之,这是中国建筑风格逐步形成的历史过程中一个生气蓬勃的发展阶段。

第四章　隋唐时期的建筑

　　自汉末黄巾起义开始,历经300多年的三国、两晋、南北朝时期,到隋文帝灭陈,中国遭受动乱的折磨已长达400余年,国家分裂,生灵涂炭,经济文化发展受到了抑制。到了隋唐,中国才又进入了一个空前发展时期,建筑也随之进入发展高潮。就建筑艺术品格而言,这个高潮也正是中国建筑发展史的最高峰。在城市建设、木构建筑、砖石建筑、建筑装饰、建筑设计和施工技术等方面都有了巨大的发展。本章主要研究的是隋唐时期的建筑特征与成就,以及隋唐时期的宗教建筑与城市宫殿。

第一节　隋唐时期的建筑特征与成就

一、隋唐时期的建筑特征

　　隋唐300余年,是中国封建社会的鼎盛期,郡县文治、制律修典、农商并举、寓兵于农、推行科举、统一货币和度量衡、交通便利、国家一统,国力空前强盛,声播四夷,外患寝息。在这样一种清新自由的氛围下,唐朝人充满自信的精神力量,形成了一种高昂洒脱、豪迈爽朗、健康奋进的文化格调,取得了远超秦汉时期的繁荣,各项文化事业全面高涨。隋唐以来,大气开放与兼容并包的心态,更为文化的发展增添了亮丽的色彩。隋唐建筑在这样一种整体文化氛围之中孕育出来,它是时代精神的凝炼。隋唐建筑的成就主要体现在以下几个方面。

(一)城址规模与规划

　　隋代由宇文恺等具体负责大兴城和洛阳城的规划建设,官民分开,功能分区明确,城市实行方格网的里坊式布局。这两座城在唐朝发展为东西二京,成为我国古代宏伟、严整的方格网道路系统城市规划的范例。隋大兴(唐长安)是我国古代规模最大的城市,渤海国上京城、日本平城京、平安京的城市布局方式与唐长安城和洛阳城基本相同,只是规模较小。按宿白先生的研究,里坊制的隋唐城制,不仅局限于京城和都城,州县亦然。"自宋以来,街道作长巷式布局的城制兴起后,隋唐城制,主要是唐州县城制并未退出历史舞台,特别是在中原和北方地区似乎还有强大的生命力,一些唐代旧城被延用到明清乃至更晚……"(宿白语)唐都城规模恢宏,雄视他朝。唐长安城面积达 84 平方公里,比明清时期包括外城在内的整个北京城还大出 1/3。

(二)皇城宫城规模及位置

皇城宫城规模宏硕,相对封闭,偏居一侧。自大兴城和后来洛阳城的兴建及唐历代的扩充、调整,体现君民分处的唐宫城除长安的太极宫居郭城北部正中外,大明宫、兴庆宫和洛阳的宫城、上阳宫均营建在城市一隅,皇城则在宫城前,或前、左、右三面环包。皇城和宫城自成体系,占地庞大。纵观隋唐宫殿,除离宫外,广泛采用左、中、右三路对称规整格局,中路顺次布置三朝,此模式成为后来各朝代的楷模。尤其是大明宫,其大朝含元殿虽具宫阙身分,其实也是一座大殿,而非宫门,实开以后三殿串连风气之先。

(三)重大建筑的风格

重大建筑的规模大都宏大壮阔、质朴雄浑。规模是量(体量和数量)的累积,也是建筑和其他艺术相比更为重要的品质和独有的手段,是形成建筑艺术感染力最重要的因素之一。大明宫含元殿的地位和北京太和殿相当,面积都约为 2 000 平方米。但大明宫麟德殿由四殿组成,底层面积达 5 000 平方米以上,是各代建筑无法比拟的。隋唐建筑追求形式和内容的统一,体现了一种自信的本色之美,它给人的印象是形式的完美中蕴含着更为内在、更为动人的雄浑与阔大。隋唐宫阙的倒"凹"字型平面也被历代所沿承。

(四)凹曲屋面流行

这一时期,凹曲屋面开始流行,这与西方古典的凸曲鼓顶(穹庐式屋盖)和屋面下折的蒙萨顶(Mansard)形成鲜明的对比,从现在所知的几件隋代材料来看,大约是从南北朝晚期或隋统一中国后开始流行并成为重要建筑的标准样式。至晚唐,随着屋角起翘的普及,整个屋面的檐口已呈极为优美的曲线。自宋代以后,凹曲屋面几经演变,最终成为东方建筑体系中最明显的外部特征。

(五)大规模营造园林及离宫

隋唐时期,城市建设、宫室苑囿的规模很大。隋在大兴城修大兴苑,在东都洛阳营建西苑。唐又营建了长安兴庆宫和曲江池。从大明宫遗址可以看出,宫后内苑以太液池为中心,环池布置殿阁与长廊,池中有岛。

隋唐建筑艺术在很多方面都达到了中国古代社会的巅峰。中国建筑在唐以后逐渐程式化,建筑艺术渐趋保守以至衰退,受其社会、政治和经济背景影响。优秀建筑的产生必须以大量的物资消耗为前提,只有在稳定、繁荣和文化得以交流的社会环境中才能够实现。另外,建筑不是再现生活,也不是完全取决于创作者的个性,而是宏观地把握时代,从正面抽象且鲜明地表现一种更具整体性的时代精神。建筑是文明的象征,隋唐文明正处在一个产生伟大建筑作品的时代。

二、隋唐时期的建筑成就

(一)隋朝

隋朝结束了我国长期战乱和南北分裂的局面,促进了封建社会经济、文化、技术的发展。隋朝的主要建筑活动包括以下几个方面。

1.都城建设

隋朝兴建了都城大兴城和东都洛阳城及宫殿范围。这两座城经唐代继承发展,成为我国古代严整的方格网道路系统城市规划的范例。

2.安济桥的建造

河北赵县安济桥是由隋朝石匠李春设计建造的,大拱由 28 道石券并列而成,跨度 37 米,4 个敞肩券减少 1/5 自重,减少了山洪对桥身的冲击力。桥身造型平缓舒展,轻盈流畅。安济桥在技术、造型上均达到了很高的水平,是我国古代建筑的瑰宝。

3. 开凿大运河

大运河的开通加强了南北经济、文化的沟通,进而有力地推动了社会的繁荣和发展。

(二)唐朝

唐朝开创了贞观之治、开元盛世等繁荣昌盛的局面,虽然"安史之乱"后逐渐衰弱,但唐朝仍是我国封建社会经济和文化发展的高潮时期,建筑技术和艺术都取得了巨大的发展和提高。在这个时期,主要建筑成就如下。

1. 建筑规模宏大,规划严整

唐长安城是我国古代最为严整的都城,也是当时世界上最宏大、繁荣的城市,唐大明宫的面积相当于明清紫禁城总面积的 3 倍多。

2. 建筑群体处理更加成熟

宫殿、陵墓等建筑在空间组合上,利用地形和运用前导空间与建筑物来衬托主体,同时强调纵轴方向的陪衬,突出加强主体建筑,如乾陵的布局。

3. 木构建筑解决了大面积、大体量的技术问题,并且已经定型化

例如,大明宫麟德殿面积达 5 000 平方米,采用了面阔 11 间、进深 17 间的柱网布置;山西五台南禅寺正殿和佛光寺大殿采用的木构架构件形式及其用料均已经规格化。

4. 设计与施工水平提高

唐朝出现了专门从事建筑设计与施工的阶层——"都料",并沿用至元代。

5. 建筑艺术加工真实而成熟

唐代建筑气魄雄伟,严整开朗,屋顶简洁明快,舒展平远,门窗朴实无华,庄重大方,色调简洁明快,已开始使用琉璃瓦。现存木建筑上斗栱的结构、柱子的形象、梁的加工等都令人感到构件本身受力状态与形象之间的内在联系,反映出建筑艺术加工与结构的统一。

第二节　隋唐时期的宗教建筑与城市宫殿

一、隋唐时期的宗教建筑

隋唐时期是中国佛教发展的重要时期。此时佛教经历了中国化的历程,佛寺既是宗教活动中心,也是市民的公共文化中心。佛寺的平面布局多由殿堂、门廊等组成,以庭院为单元的组群形式,殿堂成为全寺的中心,而佛塔退居到后面或一侧,或建双塔位于大殿或寺门之前。本时期建造的佛寺、佛塔数量和规模都很惊人。当时的唐长安城里有佛寺90余座,有的寺院占了整整一坊之地。但唐武宗会昌五年(845年)和五代后周显德二年(955年)的两次"灭法"对佛寺殿塔的破坏是灾难性的,以至于留存至今的唐代建筑只有4座木构佛殿和一些砖石塔。

(一)木构佛殿

唐代留存的4座木构佛殿包括五台的南禅寺大殿、佛光寺大殿、芮城的广仁王庙正殿、平顺的天台庵正殿,它们都属于中小型的殿屋。南禅寺大殿重修于唐建中三年(782年),是我国现存最早的木构建筑,其规模较小。佛光寺大殿的建设年代虽稍晚于南禅寺大殿,但其规模及保存状况好于南禅寺大殿,因此在中国建筑史上具有独特的历史价值和艺术价值。

1. 南禅寺大殿

南禅寺坐北向南,位于山西省五台县城西南22公里的李家庄。有山门、龙王殿、菩萨殿和大佛殿等主要建筑,围成一个四合院。五台的南禅寺大殿是中国现存最早的木结构建筑。始建年代不详,重建于唐建中三年(782年)。宋、明、清时期经过多次修葺,1974年又进行了复原性整修,恢复了唐代殿宇建筑出檐深远的浑朴豪放面貌。大殿面阔、进深各3间,平面近方形,单檐歇山灰色筒板瓦顶。檐柱12根,其中3根抹棱方柱是始建时遗物。殿前有宽敞的月台,殿内无柱。

南禅寺大殿虽然很小,但人们仍可以从中感受到大唐建筑的艺术风格。舒缓的屋顶、雄大疏朗的斗拱、简洁明朗的构图,体现出一种雍容大度、气度不凡、健康爽朗的格调;同时,还可以从南禅寺的大殿看到中唐时期木结构梁架已经出现用"材"(栱高)作为木构用料标准的现象,说明我国唐代建筑技术已达到很高的水平(见图 4-1)。

图 4-1　南禅寺大殿

2.佛光寺大殿

佛光寺位于山西五台县,相传建于北魏,唐大中元年复建。寺院布局依山岩走向,呈东西向轴线,随地势辟成三层台地,形成依次升高的三重院落(见图 4-2)。佛光寺大殿位于第三层台地上,建于唐大中十一年(857 年)。

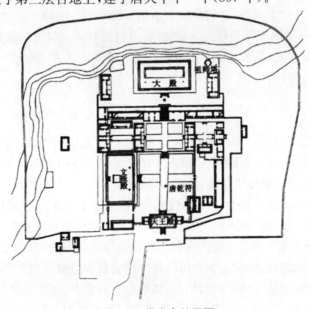

图 4-2　佛光寺总平面

佛光寺大殿面阔 7 间,进深 8 架椽(4 间)。平面柱网由内外两圈柱子组成,属宋《营造法式》中的"金厢斗底槽"平面形式。柱子有显著的侧脚与生起。"侧脚"就是将建筑物的一圈檐柱柱脚向外抛出,柱头向内收进,其目的是借助于屋顶重量产生水平推力,增加木构架的内聚力,以防散架或侧倾。"生起"则是指在立面上,屋宇檐柱由当心间向两侧逐间升高(见图 4-3、图 4-4)。

(a)平面　　　　　　　(b)立面　　　　　　　(c)剖面

图 4-3　佛光寺大殿平、立、剖面

图 4-4　佛光寺大殿外观

大殿在结构上采用的是抬梁式构架。其做法是沿进深方向在石础上立柱,柱上架梁,梁上再立短柱,上架一层较短的梁。这样重叠数层短柱,架起逐层缩短的梁架,最上一层立一根短脊柱,就形成一组木构架。每两组平行的木构架之间,以横向的枋联系柱的上端,并在各层梁头和顶脊柱上,安置若干与构架成直角的檩,檩上排列椽子,承载屋面荷载,联系横向构架。

佛光寺大殿立面分为台基、殿身和屋顶 3 部分,这是我国古代建筑中典型的三段式构图。殿身与屋顶之间安置斗栱,用来承托梁枋及檐的重量,将荷载传递给柱子。同时,斗栱因为奇巧的形状而具有较强的装饰性。大殿的屋顶采用单檐庑殿顶,高跨比为 1:4.77,坡度相当平缓,显得稳重舒展。出檐深远,挑出墙身近 4

米。斗棋雄大壮硕,与柱身比例为1：2,下连柱身,上接梁、檩,既是一个独立构件,又是构架体系中的一个有机组成部分。

大殿平缓挺拔的屋面、深远舒展的出檐、造型遒劲的鸱尾、微微凹曲的正脊、雄大壮硕的斗棋、细腻的柱列侧脚与生起,组构了唐代建筑外观简洁、造型稳健、气度恢宏的形象,表达出豪爽的美。

3. 广仁王庙正殿

广仁王庙在山西芮城县城北4公里处的古魏城城垣遗址内,中龙泉村北的高阜之上坐落着一座四合院形的庙堂建筑,它与永乐宫、古魏城、五龙泉、万仙泉形成了一个文物群。

因五龙泉水从庙基前涌出,广仁王庙正殿又称五龙庙。庙内所奉祀的水神封号"广仁王",此庙也因此而得名"广仁王庙"(见图4-5)。广仁王庙由戏台、厢房、正殿组成,属四合院形制庙堂建筑。正殿为唐大和五年(831年)建造,面宽5间,进深3间,屋顶坡度平缓。殿内无柱,梁架全部露明。庙内现存唐代元和三年(808年)、大和六年(832年)石碑两块,是研究我国古代地方沿革及水利史的重要资料。

图4-5　广仁王庙正殿

4. 天台庵正殿

天台庵是中国佛教最早创立的宗派"天台宗"的庵院。正殿是一座不大的佛殿,修建在村中坛孤山上,四周青石砌岸,松柏为墙,距地平高8米,坛东西宽15米,南北长26米。天台庵原建制不详,现仅存正殿3间和唐碑一块。佛殿建在1米高的石台基上,广深各3间,面阔7.15米,进深7.12米,平面近似一正方形。大殿单檐歇山顶,举折平缓,出檐深广,其翼角下 4 根粗大的擎檐柱均为后世所加。屋顶施灰筒瓦及硕大的琉璃鸱吻。此殿的琉璃脊饰当为金代所改,但仍保留古风(见图 4-6)。

图 4-6　天台庵正殿

佛殿檐下四周设台明,正面明间台明下安装踏跺,殿身四周为圆形木柱,柱间施阑额,不用普拍枋。殿身各柱柱头卷杀平缓优美,柱上施斗口跳斗栱,均用足材栱,跳头上施替木承托撩檐槫。壁内施两道单材柱头方,方间用小斗承托。柱头方表面柱头部位刻出泥道重栱,各面柱头铺作之慢栱栱身甚长,形制古朴。正立面明间正中施补间铺作一朵,亦为斗口跳,但用单材。山面及背立面明间无斗口跳,仅于上层柱头方上隐刻一斗三升斗栱。转角铺作 45°斜向出跳用足材栱,正方向上的出跳均用单材。

(二)佛塔

在南北朝时期,塔是佛寺组群中的主要建筑,到唐代,塔已经不再位于组群的中心,但它对佛寺组群和城市轮廓面貌构成仍起着一定的作用。隋、唐、五代的木塔都已不复存在,现今保存的砖石塔有楼阁式、密檐式和单层塔 3 种。

1.楼阁式塔

现存的隋、唐、五代时期的楼阁式砖塔有西安兴教寺玄奘塔、西安慈恩寺大雁塔。
(1)西安兴教寺玄奘塔。
兴教寺位于西安城南约 20 公里处,长安县杜曲镇少陵原畔,是唐代著名翻译家、旅行家玄奘法师长眠之地。兴教寺自建成至今千余年间,几度枯荣,历尽沧桑。
建于唐高宗总章二年(669 年)的西安兴教寺玄奘塔(见图 4-7)是中国古代体

量最大的墓塔,其造型庄重稳固,装饰简洁明快,是中国现存较早的一座仿木结构楼阁式砖塔。塔全部采用砖砌筑,平面呈方形,高21米。底层南面辟拱门,内有方形龛室,供玄奘像。二层以上全部填实。塔身以砖檐分为5层。塔体收分显著,檐部叠涩出挑较长,呈内凹曲线。塔整体比例匀称,形象简洁洗练。

图4-7　西安兴教寺玄奘塔

(2)西安慈恩寺大雁塔。

大雁塔位于唐长安城晋昌坊(今陕西省西安市南)的大慈恩寺内,又名"慈恩寺塔"。唐永徽三年(652年),玄奘为保存由天竺经丝绸之路带回长安的经卷佛像,主持修建了大雁塔,最初5层,后加盖至9层,再后层数和高度又有数次变更,最后固定为今天所看到的7层塔身,现存塔的外观是明万历年间包砌砖外墙后的形象(见图4-8)。大雁塔属楼阁式砖塔,平面方形,空筒式结构,通高63米,内设木梯、木楼板。塔身收分显著,逐层减小高宽。各层以叠涩出檐。塔造型雄伟稳重,带有简洁、雄健的唐风。

图4-8　西安慈恩寺大雁塔

大雁塔作为现存年代最早、规模最大的唐代四方楼阁式砖塔,是佛塔这种古印度佛寺的建筑形式随佛教传入中原地区,并融入华夏文化的典型物证,是凝聚了中国古代劳动人民智慧结晶的标志性建筑。

2. 密檐式塔

现存的隋唐时期的密檐式砖石塔有西安荐福寺小雁塔(见图 4-9),建于唐中宗景龙元年(707 年),平面方形,空筒式结构。原塔层叠 15 层密檐,现塔顶残毁,剩 13 层檐,残高 43 米。塔内设木构楼层,内壁有砖砌磴道。塔身一层较高,南北各辟一门。上部密檐逐层降低,各层出砖叠涩挑檐。墙面光洁无其他装饰。塔身 5 层以下收分很小,6 层以上急剧收分,塔体形成流畅的抛物线外形。

图 4-9　西安荐福寺小雁塔

3. 单层塔

单层塔多为僧人墓塔,有砖造也有石造。现存的隋唐时期的单层塔有山东济南神通寺四门塔、山西平顺海慧院明慧大师塔、河南登封会善寺净藏禅师塔等。

(1)山东济南神通寺四门塔。

建于隋大业七年(611 年)的山东济南神通寺四门塔,位于山东省历城县柳埠村青龙山麓神通寺遗址东侧,是我国现存最早的单层亭阁式塔,也是现存最早的石塔(见图 4-10)。塔身单层,通高 15 米,平面方形。四面各辟一半圆拱门。塔身外墙光洁,略有收分,上部用 5 层石板叠涩出带内凹曲线的出檐,檐上用 23 层石板层层收进,形成截头方锥形塔顶,顶上用方形须弥座,四角饰以山花蕉叶,正中立刹,拔起相轮,和云冈石窟浮雕塔刹完全相同。塔内有石砌粗大的中心柱,柱四面各安置石雕佛像一尊,内部形式同中心柱型石窟极为类似。全塔风格朴素,外观简洁,同当时摹仿木结构装饰的砖石塔迥然异趣。

图 4-10 山东济南神通寺四门塔

(2)山西平顺海慧院明慧大师塔。

建于唐乾符四年(877年)的海慧院明慧大师塔,位于平顺虹霓村中,塔建于紫峰山下海慧院遗址上,也是一座单层亭阁式石塔,高 9 米,平面方形,覆钵尖锥顶(见图 4-11)。塔底部设高约 1.5 米的基座,上置须弥座。塔身三面隐出方形角柱,正面开门,门两侧浮雕天神像。塔身上部作庑殿顶,上立硕大的塔刹。全塔比例适当,造型优美,雕刻精致,基座粗犷的线条与塔身各部分细腻的浮雕曲线形成鲜明对比,反映出唐代建筑与雕刻结合的高超水平。

图 4-11 山西平顺海慧院明慧大师塔

（3）河南登封会善寺净藏禅师塔。

会善寺位于河南省登封县城西北 6 公里处,原为北魏孝文帝离宫,隋开皇年间始称会善寺。为埋葬寺内高僧净藏禅师,唐天宝五年(746 年)于寺西山坡下建墓塔。隋唐时期多建正方形塔,此塔是中国现存最早的单层八角形塔。唐代建筑中,普遍出现八角形殿堂、亭轩,唐洛阳宫遗址中发现八角亭基,敦煌石窟的唐代壁画中也绘有八角亭建筑的图像,但八角形塔却颇为罕见(见图 4-12)。

图 4-12　河南登封会善寺净藏禅师塔

净藏禅师塔为砖筑仿木结构,整体造型恰如一座小型殿堂,平面呈八角形,塔身高约 9 米,单层重檐,立在砖砌塔基上。塔基上为须弥座,座上塔身各角出倚柱,柱头承斗拱,柱间施阑额,阑额上除正面隐出斗子蜀柱外,其他各面均施人字拱补间。塔身正面开圆券门;背面嵌铭石;东西两面设矩形假门,上饰门钉;其他四面雕直棂假窗。柱头斗拱上承叠涩出檐,檐以上用平面八角形的须弥座、山花蕉叶、平面圆形的须弥座与仰莲等。塔顶为石雕莲座莲盘和火焰宝珠。

二、隋唐时期的城市建筑与宫殿建筑

（一）城市建筑

1. 长安城

隋唐时期最令人瞩目的城市建设是隋大兴城、唐长安城的建设。隋文帝杨坚在开皇二年(582 年),在西汉长安之东南动工兴建都城,并定名为"大兴"。大兴城的布局,外面是方正的城郭,内部是整齐的街道,整个城市井井有条,建设得十分理想。后来李渊建立唐朝,其都城也选在此,并将名字改为长安。

唐朝的长安城基本沿用了隋朝的城市布局,但主要宫殿向东北移至大明宫。长安城的市集中于东西二市,市的面积约为 1.1 平方千米,周围用墙垣围绕,四面开门。长安城有南北并列的 14 条大街和东西平行的 11 条大街。长安城道路系统的特点是整齐有序、交通方便。城市排水是在街道两侧挖明沟,街道两旁种有槐树,称为"槐衙"。

唐长安的城市布局如图 4-13 所示,皇城、宫城前后相连,位于郭城中轴北部。宫城东西长 2 820 米,南北宽 1 492 米,由 3 组宫殿组成。皇城东西长与宫城相同,南北宽 1 843 米,城内安置寺、监、省、署、局、府、卫等中央衙署,并有太庙、太社分设于中轴线左右,符合"左祖右社"之制。皇城与宫城之间,开辟一条宽 220 米的横街,形成横长方形的宫前广场。

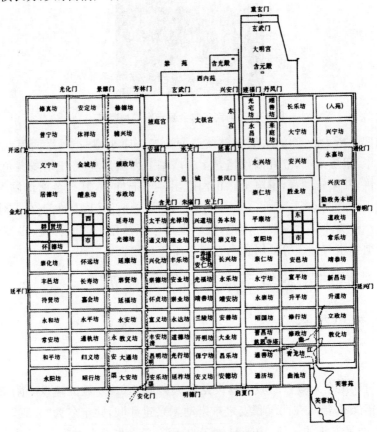

图 4-13　唐长安城复原平面

郭城城墙为夯土筑造,城基宽度为 9～12 米。东、南、西三面各辟 3 座城门。通向南面三门的 3 条街道和沟通东西向三门的 3 条街道,合称"六街",是全城的主干道,宽度多在 100 米以上。明德门内的朱雀大街,宽度达 150 米。据勘测,明德门有 5 个门道,其余城门均为 3 个门道。以明德门为起点,包括朱雀大街、承天门街和太极宫主轴所组成的纵深轴线,总长度将近 9 000 米,是世界古代史上最长的一条轴线。

郭城由街道纵横划分为 108 个里坊,均围以坊墙。小坊约 1 里见方,内辟一横街,开东西坊门。大坊面积数倍于小坊,内辟十字街,开四面坊门。坊的外侧部位是权贵的府第与寺院,直接向坊外开门,不受夜禁限制。一般居民住宅只能面向坊内街区开门,出入受坊门限制。城内还有东、西两市。西市有许多"胡商"和各种行店,是国际贸易的集中点;东市则有 220 行商店和作坊。两市每日中午开市,日落前闭市。实际上,有些里坊中也散布着一些商业点。中晚唐时期甚至还出现了夜市,意味着唐代后期都城的工商业已酝酿着突破时间和空间的限制。

隋唐长安城以恢宏的规模,严整的布局,壮丽的宫殿,封闭的坊、市,宽阔的街道和星罗棋布、高低起伏的寺观塔楼,充分展现了中国封建鼎盛时期都城的风貌。

2. 洛阳城

隋大业元年(605 年),营建东都洛阳城,北据邙山,南抵伊阙之口,洛水贯穿其间。唐武德二年(619 年),王世充废隋皇泰帝自立,在洛阳称帝。武德四年(621 年),王世充毁洛阳宫阙,废隋东都,至显庆二年(657 年)恢复东都。武则天光宅元年(684 年)改称神都,天授元年(690 年)建都神都。神龙元年(705 年),唐中宗复位,复称东都。安史之乱中,安禄山、史思明等先后在洛阳称帝,战乱中宫室焚烧,十不存一,坊市皆空。天复三年(903 年),昭宗迁都洛阳,曾修缮城郭宫室。五代时梁、唐、晋以洛阳为都,沿用此城。北宋末年,金兵南下,洛阳城毁于战乱。隋唐洛阳城遗址在今洛阳市区及近郊,1954 年起进行勘查发掘。

隋唐洛阳城的规划是由 7 世纪初隋宇文恺、封德彝和牛弘等所主持(见图 4-14)。洛阳城位于汉魏洛阳城之西约 10 公里处,北依邙山,南对龙门。城南北最长处 7 312 米,东西最宽处 7 290 米,平面近于方形。洛水由西往东穿城而过,把洛阳分为南、北二区。城的南、东两面各有 3 座门,北面 2 座门,西面则有宫城与皇城的 2 座门。城中洛水上建有 4 座桥梁,连接南区和北区。洛阳共有 103 个里坊,里坊平面为方形或长方形,坊内都是十字街,坊外的街道一般宽 41 米,比长安的街道窄。

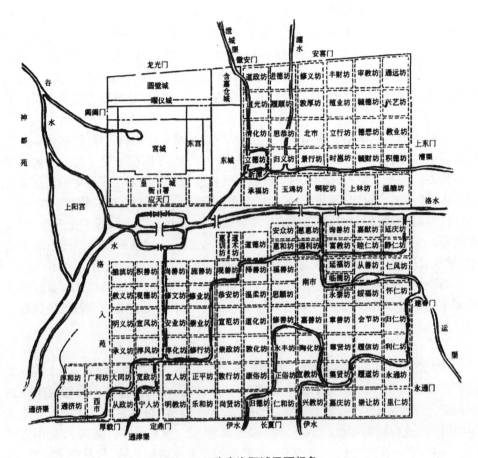

图 4-14　隋唐洛阳城平面想象

(二)宫殿建筑

这一时期宫殿建筑有了长足的发展,最为典型的当属唐大明宫了。唐大明宫建于 634 年,位于长安城东北龙首原高地,宫城平面呈不规则长方形(见图 4-15)。全宫自南端丹凤门起,北达宫内太液池,长达数里的中轴线上排列全宫的主要建筑:含元殿、宣政殿、紫宸殿。轴线两侧建造对称的殿阁楼台,后部是皇帝后妃居住和游宴的内庭。太液池依北部低洼的地形开凿而成,池中建有蓬莱山,周围布置亭台楼阁,成为宫内御苑。

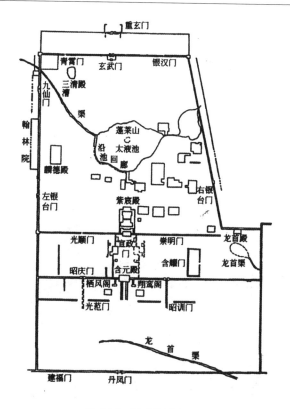

图 4-15　唐大明宫平面

1. 含元殿

含元殿建在高出南面平地 10 米的高地上,前壁陡直壁立,宛如城墙,其上又加建高 3 米的殿基。基上建面阔 11 间、进深 4 间的殿身,四周加一圈深 1 间的回廊,形成外观面阔 13 间的重檐大殿。东西长 67.33 米,南北长 29.2 米,面积近 2 000 平方米。殿两侧有东西行廊,向外延伸接第二道横墙后向南折,通到两个突出在外的阁上,东名翔鸾阁,西名栖凤阁。含元殿高踞 13 米的高台上,用漫长的坡道通上台顶,再用踏步通上殿。坡道为平坡相间,共 7 折,称龙尾道。道共 3 条,中间为御道,宽 25.5 米,左右为群臣上殿通道,宽仅 4.5 米。两阁之前建有东西朝堂,均为宽 15 间深 2 间的长庑。此外还有肺石、登闻鼓等供人申诉的设施(见图 4-16、图4-17)。

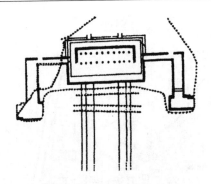

图 4-16　含元殿复原平面

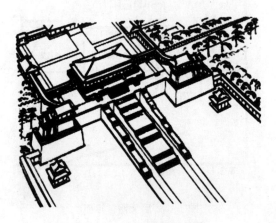

图 4-17　含元殿复原鸟瞰

2.麟德殿

大明宫另一组雄伟的宫殿——麟德殿,是唐朝皇帝宴饮群臣、观看杂技舞乐和进行佛事的地方(见图 4-18、图 4-19)。麟德殿建于初唐麟德年间,是一组前后殿阁相连、两翼楼亭连接的宫殿组合体。南北主轴上串联着前、中、后三殿。主轴线的两侧,对称地耸立着郁仪楼、结邻楼和东亭、西亭,它们都是坐落在高台之上的亭、楼,以架空的飞阁(天桥)与景云阁连接。两座楼台还另设斜廊式的登楼阶道,东楼阶道在南面,西楼阶道在北面,这种不对称的处理是为了通往南北院庭的便捷联系。这组建筑是中国古代最大的殿堂。三殿串联、楼台簇拥、高低错落的组合形象,是从早期聚合型的台榭建筑向后期离散型的殿庭建筑演变的一种中间形态。

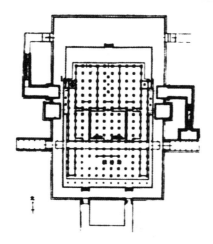

图 4-18　麟德殿复原平面

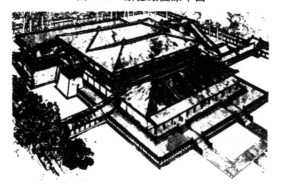

图 4-19　麟德殿复原鸟瞰

第五章　五代、宋、辽、金时期的建筑

五代十国是上承唐代、下启宋代的时期,这一时期的建筑风格更多的是继承唐代华丽的建筑形式,仍以木结构为主;而两宋则开启了建筑样式与风格的新时期。本章将对五代、宋、辽、金时期的建筑进行研究。

第一节　五代时期的建筑

五代十国时期,中原政权中心由长安东移至洛阳,再移至汴州(开封)。汴州原为唐宣武军治所,其子城扩建为宫城,后周时罗城之外再建外罗城。十国之中,以蜀和南唐境内较为安定富庶,故成都、金陵的营建颇具规模。已发掘的前后蜀和南唐的陵墓中,木结构留存很少,仅存北汉平遥镇国寺大殿仍保持唐代风格。吴越国以太湖地区为中心,在杭州、苏州一带兴建寺塔、宫室、府第和园林。南方砖塔最早遗物均为吴越所建,如苏州云岩寺塔、杭州雷峰塔,后者开创了砖身木檐塔型,成为后来长江下游主要塔型。南京的南唐栖霞寺舍利塔和杭州灵隐寺吴越石塔,石刻精美,富于建筑形象。

一、五代时期的都城

唐朝末年,梁王朱全忠夺取政权,改国号为"后梁"。他以汴州开封府为东都,洛阳为西都,并派人对洛阳城加以修葺,筑南北二城。开平三年(909年)迁都洛阳。后梁末帝朱填龙德三年(923年),李存勖在魏州(今河北省大名县东北)称帝,为后唐庄宗,灭后梁,迁都洛阳,以洛阳为洛京,后又改称"东都"。

金陵位于南朝时的都城建康之南。据记载,金陵城周二十五里四十四步,城上阔两丈五尺,下阔三丈五尺。南门一带,均用巨石砌成,东北面以山带江为险固,凿护城河。城门有 8 座,除东、西、南、北四门外,又有上水门、下水门、栅寨门、龙光门。整个都城的位置,"夹淮带江以尽其利""南止于长桥,北止于北门桥,盖其形局前倚雨花台,后枕鸡笼山,东望钟山而两带石头。"

二、五代时期的建筑

(一)五代时期的陵墓

五代时期的钦、顺二陵紧连在一起,相距仅 50 米,坐落在南京之南的江宁县牛首山祖堂山。这里三面抱山,形似"太师椅"。正面对远处的云台山峰,背后又有牛首山双峰相托,可谓"背倚双阙,面蠹云台"。

钦、顺二陵的地宫做得很有特色。钦陵地宫规模较大,全长 21.8 米,宽 10.45 米,自南至北分为前、中、后 3 个主室,前室与中室东西两侧各有 1 个侧室,后室东西两侧各有 3 个侧室,共 13 室。后室是主要部分,南壁正中有方门,门扇用巨大的青石板做成。东西两壁各有三门,以通侧室。正中置石棺床,其后部伸入北壁大型龛门。室壁有倚柱,以示此室面阔一间、进深三间之感。壁上涂以红色,柱、枋、斗拱等有彩画。室顶用石灰粉刷,再在上面画出天象和地面的山河大地之形,意为"上具天文,下具地理"的帝王陵墓形制。

顺陵为李璟与钟皇后合葬之陵。此陵要比钦陵小得多,但布局与钦陵相似。地宫全长与钦陵相同,自南至北也分 3 个主室。前、中室东西两侧各有一侧室,后室东西两侧各有 2 个侧室,共有大小墓室 11 间。整个陵的结构与钦陵相比逊色不少,主要是在材料和装饰上,如室中很少有雕刻,室顶也没有画"天文地理图"(见图 5-1)。

图 5-1　唐顺陵示意

(二)五代时期的桥梁

五代的皇帝很会享受,其建筑在唐的基础上建得更华美了,建筑物的飞檐更有特点,比之前的唐廷建筑更圆滑了一些,并且显得更灵动了。五代时,在南唐建国之前,南京还曾做过五代十国之一的"杨吴国"的西都。杨吴由杨行密所建,他把扬州定为东都,而把南京定为西都。虽然杨吴不久后就为南唐所取代,但是这个政权却给南京留下了珍贵的财富——金陵城和杨吴城壕。

杨吴时期,在洪武路建了一个"金陵府衙",范围是淮海路以南、内桥以北、王府园以东、太平南路以西。到了南唐时期,"金陵府衙"被改为"南唐宫城",内桥以下的河流变成了护城河。宫城也叫"大内",因此宫城南面的这座桥就叫"内桥"。试想,这座桥正对着宫城正门,跟市井味儿很浓的北门桥相比,内桥的地位当然更为重要。内桥跟南唐都城的南门——中华门、朱雀桥、长干桥都在一条直线上,构成了南京城的中轴线,内桥下面的河流也成了"御沟"。遥想当年,站在内桥上,往东、往西看都是中央官署,那是何等气派!据南唐文献记载,内桥是由三座平行的桥组成,这种格局一直保留至今。皇帝出巡回宫是必走内桥的,不过按照礼节,皇帝专走中间这道桥,两边的桥才是给大臣们走的。

(三)五代时期的塔

五代时期的特点可以概括为地方割据、多国鼎立,少数民族频繁入主中原。受此影响,这一时期的中国建筑艺术出现了多种风格交融、共存的局面,新的建筑类型和风格不断涌现。五代十国主要还是延续了晚唐的建筑风格,但由于地方割据,交通、人员阻隔,其建筑的地方差异性逐渐扩大。

虎丘斜塔是现存最古老的,也是唯一保存至今的五代建筑。虎丘斜塔是苏州云岩寺塔的俗称,位于江苏省苏州市虎丘山上,建于五代后周末期(959年),落成于北宋建隆二年(961年),塔身设计完全体现了唐宋时期的建筑风格。虎丘斜塔被尊称为"中国第一斜塔"和"中国的比萨斜塔"(见图5-2)。

图5-2　虎丘斜塔

　　虎丘塔为套筒式结构,塔内有两层塔壁,仿佛是一座小塔外面又套了一座大塔。其层间的连接以叠涩砌作的砖砌体连接上下和左右,这样的结构性能十分优良,虎丘塔历经千年斜而不倒,与其优良的结构是分不开的。塔身平面由外墩、回廊、内墩和塔心室组合而成。全塔由 8 个外墩和 4 个内墩支撑。内墩之间有十字通道与回廊沟通,外墩间有 8 个壶门与平座(即外回廊)连通。自虎丘塔之后的大型高层佛塔也多采用套筒式结构。

　　虎丘塔的砌作、装饰等更为精致华美,如斗栱、柱、枋等已不同于大雁塔那浅显的象征手法了,而是按木构的真实尺寸做出,斗栱已出跳两次,形制粗硕、宏伟;斗栱与柱高的比例较大;其他如门、窗、梁、枋等的尺度和规模都再现了晚唐的风韵和特点。

第二节　宋、辽、金时期的建筑

一、两宋建筑

（一）两宋的城市

1. 北宋汴梁

　　北宋(960—1127 年)定都汴梁,又称东京(当时称洛阳为西京),即今之开封市。汴梁设三层套环式城墙,最中心的为皇城,是皇帝朝政、生活的地方,也是中央机构之所在地。正门叫丹凤门,门上建宣德楼,高大华丽,体现出大国气度。北宋的东京十分繁华,内城除各级衙署外,住宅、商店、酒楼、寺院、道观、庙宇等不计其数。据宋孟元老的《东京梦华录》记载,这里的金银珠宝店、绫罗绸缎店等都是高楼广宇,而且买卖兴旺,"每一交易,动即千万"。这里的酒楼,光是大型的"正店"就达 72 家,小的更是不计其数。酒楼门口扎缚彩楼欢门,作为其行业的标志。最有名的酒楼"樊楼"是一组 3 层楼的建筑群,5 座楼房各有飞桥相通,造型美观别致。

　　东京外城高四丈,上有女儿墙,高七尺许。外层共有城门 13 座,3 道城墙均有城壕。外城的城门除东、南、西、北四门为 4 条御路通道外,其余城门都有瓮门 3 层,屈曲开门,以备城防之需。外城水门,据考证达 9 座。水门均设铁裹闸门。

　　汴梁的道路是以宫城为中心、放射式与方格式相结合的路网系统,大道正对各城门,形成"井"字方格路网,次一级的道路也是方格形的。主要干道称御路,共 4 条:一自宫城宣德门,经朱雀门至南薰门;二自州桥向西,经旧郑门到新郑门;三自州桥向东,经旧宋门到新宋门;四自宫城东土市子向北,经旧封丘门到新封丘门。东京城内河道十分有序。城内和四周有 4 条河道——汴河、蔡河、五丈河、金水河,都与护城河连通。其中汴河横穿城的东西,是城市的主要水上交通线,商业贸易等相当发达。金水河通大内,为宫中用水之源。

汴梁的街市,从"市"的意义来说,是我国古代最繁华、最发达的了,当时的街取消了唐代的里坊制。唐代长安及其他都市各坊均设门,有人把守,按时启闭。到了宋代,坊里之名虽然仍保留,但已无分隔,不再设门。宋代汴梁的商业区分布甚广,沿街设店设摊,甚至延伸至城外,还有边走边卖的,商业气氛十分浓厚。

2. 南宋临安

南宋(1127—1279 年)定都临安,即今之杭州。临安原叫杭州、钱塘,五代十国时是吴越国的都城。后来北宋统一中国,定都东京(汴梁)。公元 1126 年"靖康之变",宋室南渡,定都临安,临安是当时世界上的特大城市,人口超过 100 万。城市扩建,并加固城郭。据宋吴自牧著《梦粱录》所记:"诸城壁各高三丈余,横阔丈余。禁约严切,人不敢登,犯者准条治罪。"城四周共有 13 座城门:东便门、候潮门、保安门、新门、崇新门、东青门、艮山门、钱湖门、涌金门、清波门、钱塘门、嘉会门、余杭门。

临安作为都城,比较特别之处在于:一是不规则、不对称,依山、湖、江而成形;二是皇宫位置在城的最南端,皇宫之北为都城,似乎比较别扭;三是皇宫、太庙及其他官署位置也十分杂乱,没有规则。这也许出于"临时安顿",暂时将就,不甚讲究。皇宫官署在城南的凤凰山麓。东麓是皇宫,其北是三省六部、枢密院等,屋宇高大轩昂,较有气派。云锦桥和三省六部的官府大院相对,故此桥称"六部桥",今之桥仍是当时之原物。北面清河坊是御史台(司法机关)。

皇宫和宁门外向北,直至武林门中正桥,为临安的南北向主要街道,称御道,又叫"杭城天街"。街面用石板铺成,两边砖石砌出沟渠,为排水系统。沟渠边上植桃李等,春天花开满树,美不胜收。路的中间只能皇帝通行,平民百姓只能走沟渠外面的路。

临安城内布局较有规则,也很有气派。街道河巷也比较有秩序。在街道河巷的网络之间,分设 9 厢 80 余坊。"坊"是城内部结构的一个基本单元,四周有高墙,与外界联系出入有门 2 至 4 个,坊内有十字交叉的 2 条大路,然后是小路,称"巷",又叫"曲",宅的入口就在巷内。

3. 南宋平江

南宋的平江,即今之苏州。"南宋平江府治图",即南宋时的苏州地图,如图5-3

所示。此图很珍贵,是南宋所刻之原物。从图中可知,这座城市是一座十分规则的矩形(南北略长)城市。此城共设 5 个城门,还设有水门,城墙外面设护城河。这是一座很典型的南宋时期的府城,城市道路呈方格网,还有许多与街道平行的河道,河上设桥,是一座典型的江南水乡城市。城市的中央有子城,为平江府治所在。子城内有 6 个部分:府院、厅司、兵营、住宅、库房及大花园。平江是一座文化发达的城市,城中有游乐场所。最典型的是位于城西南的百花洲,这是一处以花卉林木、小桥流水、亭台楼阁构景的名胜之地。从这里可以看出,由于经济发达,当时人们已有丰富的文化生活了。图中还标出了韩园(沧浪亭)、南园等苑囿,江南园林形态此时已见雏形。图中还划出 139 座寺观,还有好几座佛塔及孔庙等。这说明此时我国古代城市的政治、军事、经济、文化诸方面格局已基本定型。

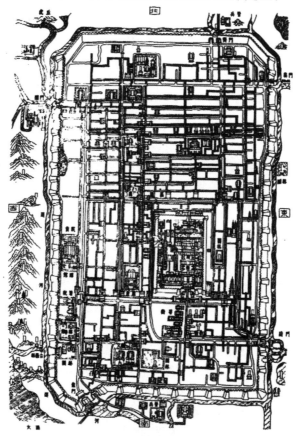

图 5-3 南宋平江府治图

（二）两宋的宫殿

1.北宋的宫殿

北宋都城汴梁的宫殿（大内），本是唐代汴州节度使之治所，于宋初建隆四年（963年）重新修建、扩建。宫城位于内城的中间（略偏西北），南面有城门3座，其余三面各设城门1座。南面中间为丹凤门，下设5个门洞，城上之楼为宣德楼。宫城东西两面为东华门、西华门，背面为玄武门（又叫"拱宸门"）。

丹凤门内为中央机构所在地，其中有都堂、尚书省、中书省、枢密院、明堂等。在这一区域，高官可骑马行进其间。各衙署供应午餐，因此设厨房。仅尚书省的厨房就有百间房屋。过了东华门、西华门过道，至宝文阁后夹道，便是宋朝皇帝处理政事及举行仪式的地方。其中，东华门内横门本名"左承天门"，宋真宗时此屋顶上曾出现"天书"，故将此门改为"左承天祥符门"。

大庆殿是举行大典的地方，殿阔9间，庭中有钟楼、鼓楼。院子甚大，可容万人。节日、大典或接见外国使臣都在这里举行仪式。据记载，当时排列在院中的仪仗队多达5 000余人，其规模可想而知。

大庆殿之西有文德殿（又名"正衙殿"），是宋朝皇帝日常上朝与大臣议事之所。大庆殿后有紫宸殿，规模不大，常在此举行小型会议及接见一般的外国来使。殿西有集英殿，是设御宴和试举人之处。殿旁有垂拱殿，与后宫的几个寝殿正对，形成一条轴线。

2.南宋的宫殿

南宋都城临安，其皇宫设在城南凤凰山之东麓。这里原来是吴越国的子城，南宋建炎元年（1127年）改为宫城，城周围九里，称南内。宫城南为丽正门，北为和宁门，其规模当然要比北宋汴梁的宫城小。正朝只有两座殿堂，轮番使用。

大庆殿两侧有朵殿，西面名垂拱殿，是日朝之处。此外还有复古殿、福宁殿、缉熙殿、嘉明殿、勤政殿等。

南宋临安的宫殿中，望仙桥东的德寿宫规模宏大、富丽堂皇，是南宋高宗、孝宗诸帝退居养老之地。后来这里御赐为秦桧的第宅。秦桧入居后，便大兴土木，营造房屋达19年之久。里面楼堂亭榭，数不胜数，而且都是高大宏丽之建筑，可以说是在当时杭州城中首屈一指了。宋高宗曾数次前往，并为宅内的楼阁题"一德格天"的匾额。

绍兴二十五年（1155年），秦桧病死，此第宅还给皇帝。宋高宗将此宅改为宫殿，以备退位之后居住。绍兴三十二年（1162年）六月改建完毕，命名"德寿宫"。

孝宗即位,高宗为太上皇,居住在德寿宫。

德寿宫正门位于宫之南,门外有百官待漏院。殿堂楼阁多集中于南部,后面为花园。园内有大水池,从清波门外引西湖水注入,其上叠石为山,又按四季划成四部分,园内遍植奇花异草,又建冷泉堂、聚远楼等。

德寿宫之形制和规模,可与凤凰山下宋皇宫媲美,当时人称此为"北大内"。后来宋孝宗退位也居于此,并改名为"重华宫"。绍熙五年(1194年)孝宗去世,遗诏改名为"慈福宫",由高宗后吴氏、孝宗后谢氏居住。宁宗庆元二年(1196年)又改名为"慈寿宫"。开禧二年(1206年)宫殿遭火灾,后来便荒废了。咸淳四年(1268年),改建为"宗阳宫"。

(三)两宋的祠庙和陵墓

1.两宋的祠庙

我国古代的祠庙建筑有一定的规范,此处着重介绍其建筑平面布局。我国早期的祠庙一般比较简单,用一间或多间的单体建筑,平面形式如图5-4所示。

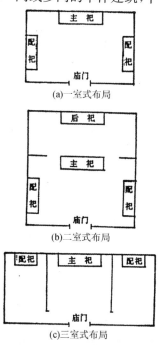

(a)一室式布局

(b)二室式布局

(c)三室式布局

图5-4 祠庙的平面形式

据《礼记·王制》中所说,周代"天子七庙,三昭三穆,与大祖之庙而七。诸侯五庙,二昭二穆,与大祖之庙而五。大夫三庙,一昭一穆,与大祖之庙而三。士一庙"。这里的七、五、三,即指建筑的房间数。"明堂,想只是一个三间九架屋子。王者随月所居,则分而为九室;祀上帝,则通而为一堂。"(宋马端临《文献通考》卷六《郊社考》)祠庙类型如图5-5所示。

元堂左个	元营太庙	元堂右个 青阳左个
总章右个		
总章太庙	太庙太室	青阳太庙
总章左个 明堂右个	明堂太庙	青阳右个 明堂左个

图5-5　祠庙类型

南宋皇家宗祠位于今浙江绍兴华舍镇。当时北方被金人所占,赵宋皇族纷纷南渡,其中宋太祖赵匡胤12世孙赵昌二,携带皇室赵氏家谱,择定绍兴城西华舍的一块风水宝地定居下来。据说华舍赵氏传到宋太祖16世孙赵存善任族长,此时华舍赵氏族已逾300人。当时,赵存善率族人,完成了祖上几代在华舍建宗庙的夙愿,择地建造了赵大宗祠。

这座南宋皇家宗祠为五开间三进形式,中进为主厅,高28米。祠庙有3道围墙,内有历代名人楹联、画像达200余幅,其中最大的是赵匡胤画像,达10米见方。

祠庙前是一条河,有十八湾,河对面有高大的黄色照墙,墙上书"宋室屏垣"4个大字,甚有皇家气派。如今这些建筑已荡然无存,只留下两块碑刻。

山西万荣县汾阴后土祠是我国古代一座典型的祠庙建筑。此祠位于万荣县城西约40公里黄河东岸的庙前村土垣上,为著名的"汾阴脽地",东周时属魏,又称"魏脽"。秦惠王伐魏,渡河取临阴,皆指此地。西汉后元元年(公元前88年)立汾阴庙,汉武帝"东幸汾阴",立后土于脽上,即后土祠的雏形。北魏郦道元《水经注》中说:"汾阴城西北隅脽邱上,有后土祠。"此祠历代多有重修。清代同治九年(1870年)因祠被黄河所淹,知县戴儒移今址重建。现存有山门重楼、戏台三座、献亭三间、后土大殿五楹以及钟鼓楼、配殿、廊庑等,布局完整有序,琉璃色彩鲜艳,雕刻富丽精巧。后院廊下有北宋大中祥符四年(1011年)宋真宗赵恒祭后土时亲书之萧墙,是在河水溢祠后迁移至此的。

位于山西太原西南的晋祠是我国古代祠庙建筑中规模最大、内容最丰富、历史最悠久的一座。晋祠原来是春秋时晋侯的始祖唐叔虞的祠庙,坐落在悬瓮山下,经过历代多次修建、扩建,晋祠中的殿宇、楼阁、亭台等已达百余座。这些不同时期建造的建筑,组成了一个紧凑而精美的建筑群(见图5-6)。

图5-6　山西晋祠总平面

晋祠建筑群之中,建于北宋的圣母殿和殿前的鱼沼飞梁最有名。圣母殿(见图5-7)始建于北宋天圣年间(1023—1032年),崇宁元年(1102年)重修,今之建筑即为当时之原物。

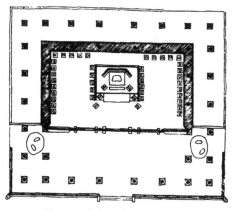

图5-7　山西晋祠圣母殿平面

　　圣母殿高 19 米,屋顶为重檐歇山顶。殿面阔 7 间,进深 6 间,平面近正方形。殿四周有围廊。殿内梁架用减柱做法,所以内部空间很宽敞。圣母像庄重威严,两边泥塑侍女像亭亭玉立,形态生动。圣母,相传为晋侯始祖唐叔虞之母。殿正面有 8 根木雕蟠龙柱,雕工精美,龙的姿态自然,栩栩如生(见图 5-8、图 5-9)。

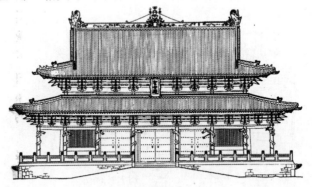

图 5-8　山西晋祠圣母殿立面

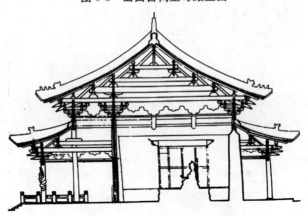

图 5-9　山西晋祠圣母殿剖面

　　圣母殿前的鱼沼飞梁为晋水三泉之一,沼上有石桥,称"飞梁",北魏郦道元《水经注》中说的"结飞梁于水上",即指这种形式的桥。此桥北宋时与圣母殿同建,1955 年曾大修过一次。"飞梁"的结构是水中立 34 根小八角石柱,柱础为宝装莲花,石柱上设有斗拱、石梁枋衬托桥面,南北平坦,连接圣母殿与献殿。东西为桥坡,桥是十字形的,池沼是正方形的,形成一个"田"字状。四周有勾栏围护凭依。

2. 两宋的陵墓

北宋的皇陵位于河南巩县附近的龙堆。北宋帝王共有 9 代,但最后徽、钦二帝被金人掳去,死于北方(徽宗遗骸后来运回南宋,葬于绍兴宋六陵),其他 7 帝均葬在此。另外,宋太祖赵匡胤之父赵弘殷也葬于此。

这 8 座陵墓形制基本相同,各陵占地面积均达 120 亩以上。陵台都很大,四角有角楼,四墙的中间设有"神门"。南面的神门是正门,门外为中轴线神道,一直向南延伸。两侧排列着许多石刻,由陵前拜台向南,顺次有传胪、镇殿将军、跪狮、朝臣、羊、虎、马与马童、麒麟、石屏凤凰、象与象奴、石柱。

永昌陵是宋太祖赵匡胤的陵墓,太平兴国二年(977 年)赵匡胤葬于此。今陵墓南北长约 62 米,东西长约 60 米,高约 21 米,地面上有镇门石狮 7 个、石人 7 个、石羊 4 个、石虎 4 个、石马 4 个、石麒麟 2 个、石凤凰 2 个、石像 2 个、石望柱 2 个。

永熙陵是宋太宗赵光义的陵墓,南北长约 60 米,东西长约 62 米,高约 29 米。陵墓周围存有 16 个土丘,为当时的建筑遗址,陵前 8 个,陵后 4 个,左右各 2 个。永熙陵的石刻保存得最完整。陵墓四周各有镇门石狮 1 对,灵前有石刻 50 件,东西向排列。西边依次是 10 个石人、2 个石羊、2 个石虎、1 个石人、1 个石马、2 个石人、1 个石马、1 个石人、1 个石麒麟、1 个石凤凰、1 个石人、1 个石象、1 个石望柱,共 25 件;东边对称于西边,但少 1 个石人,只有 24 件,加上墓前 1 个石拜台,共50 件。

永定陵是宋真宗赵恒的陵墓,位于蔡庄附近,陵墓底边 50 米×57 米,高约 21 米。周围有土丘 16 个,亦为建筑遗址。陵墓围墙共 4 门,各设石狮 1 对。陵前石刻 48 件,也皆为石人、石羊、石虎、石麒麟之属,墓前也设拜台。

永昭陵是宋仁宗的陵墓,底边为 50 米×57 米,高约 22 米,陵墓四门,石狮及建筑物遗址土丘与永定陵相同,墓前石刻有石人、石羊、石虎、石马、石像等,东西对称。

在这块陵墓区中还有其他陵墓,如北宋时的皇后、皇太子、公主及其他皇亲国戚多葬在这里。

浙江绍兴的宋六陵是南宋的皇陵,据张能耿、盛鸿郎等著的《越中缆胜》中说,绍兴元年(1131 年),元祐太后驾崩于绍兴卧龙山行宫,选绍兴上亭乡宝山泰宁寺故址安葬,是为绍兴攒宫之始。后来南宋历代帝王死后皆葬于绍兴攒宫,即为宋六陵。宋六陵入口处有四柱三间大牌坊,入内为高宗永思陵、孝宗永阜陵、宁宗永茂陵,三陵并列。其南为光宗永崇陵,北为理宗永穆陵、度宗永绍陵。另外建寺院一座,即泰宁寺。

(四)两宋的宗教建筑

1. 宋代的佛寺

佛教寺院的基本形式在唐代以前已基本确立,宋代的佛教寺院就在此基础上趋于完善。在此分析几座宋代的典型寺院建筑。

正定隆兴寺,位于河北省石家庄市正定县城内。此寺始建于隋代,当时叫"龙藏寺",唐代改名为"龙兴寺"。宋太祖赵匡胤于开宝四年(971 年)因城西大悲寺的铜佛被毁,敕名在龙兴寺内另铸观音像一尊,所以大兴土木,营建寺院。隆兴寺之名是清代康熙年间才改的。

隆兴寺坐北朝南,中轴线布局,平面狭长。主要建筑布置在南北中轴线上,轴线长 380 米,自南至北依次为琉璃照壁、三石桥、山门、大觉六师殿、摩尼殿、牌楼、戒坛、韦陀殿、佛香阁(即大悲阁),最后为弥陀殿。佛香阁东为御书楼,西为集庆阁。戒坛后东为慈氏阁,西为转轮藏殿。佛香阁前院两边有廊庑,东为伽蓝殿,西为祖师殿。

隆兴寺内的摩尼殿(见图 5-10)建于公元 1052 年,建筑平面比较特别,略呈方形,四面均出抱厦,为出入口,其他均为实墙。主出入口在南,前有月台。殿顶为重檐歇山式,四面抱厦为单檐歇山顶,所以外形变化较多,但又很统一。殿内有彩塑观音像。

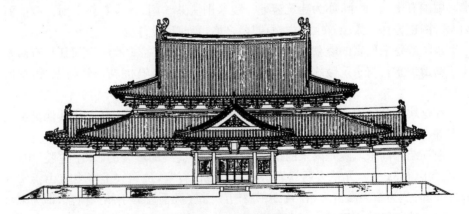

图 5-10　隆兴寺摩尼殿

隆兴寺内另两座著名的建筑是慈氏阁和转轮藏殿。这两座建筑形式基本相同，均为两层楼阁形式，楼上单檐歇山顶，上下层之间设腰檐，并有回廊栏杆。室内中空，佛像贯通二层，里面也有回廊。

大悲阁即佛香阁，是隆兴寺中最大的主体建筑。大悲阁面阔 5 间，进深 3 间，高 33 米，外观三层，重檐歇山顶，下面设二层腰檐，一层廊檐，因此形象丰富而雄伟，这种形式俗称"重檐五滴水"。阁内供奉开宝四年所铸千手千眼观音像，高 24 米。

2. 宋代的佛塔

宋代的佛塔，保存下来的原物要比佛寺还多，而且形式多样。在此说一些比较典型的宋代佛塔。

福建泉州开元寺双塔是宋代所建的石塔原物，两座塔形式基本相同，都是仿木石塔，分列于大雄宝殿的东西两侧，西为仁寿塔，东为镇国塔。

仁寿塔最早建于五代，后来多次重建，现今留存的仁寿塔建于南宋绍定元年至嘉熙元年（1228—1237 年），用花岗石筑成，平面八角，高近 45 米，仿木构形式。塔身各层四门四龛，位置逐层互换。塔身转角立倚柱。塔檐呈弧形向外伸展，檐角高翘，与木构无异。每层塔身外有回廊护栏，悉如木构，秀丽清润。塔刹为铸铁制成，高 11 米，有刹座、覆盆、火珠、仰莲，将宝盖、七层相论、圆光、镏金葫芦串连在一起。还有 8 条大铁链从刹顶系到顶层檐角，似有刺破青天之感。塔心柱和塔壁间横跨着 8 条长 6 米、宽与厚均为 0.4 米的石梁，一头嵌入塔心柱，另一头架在塔壁立柱上。由塔心柱、塔壁与石梁组成一个严密的框架，有很好的整体性。塔的各层塔门、塔龛，层层错位排列，不但结构坚固，而且富有变化，形态美观（见图 5-11）。

镇国塔也多次重建，今存之塔建于南宋嘉熙二年至淳祐十年（1238—1250 年），并由砖塔改为石塔。塔平面八角，高 48 米余，仿木构楼阁式塔，形制与仁寿塔基本相同。

河北定县料敌塔，高 84 米，相当于如今的 28 层高楼。此塔的建造，除了佛教的原因外，还有军事上的原因。由于定县（今河北定州市）是北宋的边防重镇，宋王朝为防御北方的辽国，于是造此高塔用来瞭望敌情，所以此塔名叫"料敌塔"，又叫"了敌塔"。但从佛教本身来说，此塔之建造，是由于当时有一位叫会能的僧人，往西方取经，得舍利子而归，为供奉舍利子，宋真宗皇帝亲下诏书而筹建。此塔建于开元寺，所以它的实际名字叫"开元寺塔"。此塔始建于北宋咸平四年（1001 年），至和二年（1055 年）建成。此塔砖砌，平面八角，高 11 层。塔形简洁秀丽，比例和谐。塔各层东、南、西、北均有门。第一层较高,上有腰檐平座,其上各层则只有腰檐。塔顶雕饰忍冬草覆钵,上为铁制承露盘及青铜塔刹,均为宋代形制,如图 5-12所示。

图 5-11　福建泉州开元寺双塔之仁寿塔　　图 5-12　河北定县料敌塔

六和塔坐落在浙江杭州市南的钱塘江畔月轮峰下。此塔始建于北宋开宝三年(970 年),原为 9 层,高约 167 米。北宋宣和三年(1121 年)毁于兵火。今之塔(砖砌部分)始建于南宋绍兴二十六年(1156 年),乾道元年(1165 年)建成。今塔外木檐廊是清光绪二十五年(1899 年)重修之物。六和塔砖身木檐,平面八角,外观 13层,内 7 层,高 59.89 米,楼阁式塔。塔内外可分为外墙、回廊、内墙、小室 4 部分,形成内外双环。内环为塔心室,外环为厚壁,中间夹有回廊。楼梯在回廊之间。外墙的外壁在转角处设倚柱,并联结檐。墙身四面有门,门内有通道,两侧设壁龛。里面的回廊两侧即双层壁之墙,内墙边辟门,另四边设壁龛,依层相间设置。塔的顶层及塔刹为元代所修。塔的须弥座有砖雕约 200 余处。

祐国寺塔,位于今河南省开封市东北黄河边上,俗称"开封铁塔"。其实此塔并不是铁的,而是砖塔,塔的表面用棕色琉璃砖贴面,外观呈铁锈色。此塔建于北宋皇祐元年(1049 年),平面八角,13 层,高 120 米。塔基由于黄河泛滥而被淹没于地下。塔身用不同形式的琉璃砖砌成,但总体形式仿木构楼阁式塔。檐下设有斗拱,檐上饰黄色琉璃瓦。塔顶为八角攒尖顶,宝瓶式的铜塔刹。整座塔造型挺拔,雄伟壮观。

　　罗汉院双塔,位于今苏州市内东南的定慧寺内。双塔所在的寺院原名寿宁寺万岁院,后改名为罗汉院。双塔始建于唐代咸通二年(861年)。宋代太平兴国七年(982年),王文罕兄弟二人在院内修建此双塔。南宋时双塔部分被金人所毁,绍兴年间(1131—1162年)修复,今为当时所修之原物(见图5-13)。这两座砖塔平面八角,七层,腰檐做反翘状。内部自下至顶,各层楼面和楼梯均用木结构。塔之窗,逐层调换开设。这两座塔的另一特点是顶上的相轮塔刹特别高大,占去塔高的1/3,但这种做法对结构不利,遇大风容易被吹折。据记载,在明代嘉靖年间和清代乾隆年间,塔刹、相轮都被吹折过。1954年维修东塔时吹歪的相轮被扶正,近年来又做过矫正。

图5-13　罗汉院双塔

（五）两宋的住宅和园林

1. 两宋的住宅

　　两宋时期的住宅建筑原物如今已基本无存,要了解当时的住宅,只能在绘画中见到。其中,北宋画家张择端的《清明上河图》中所绘的住宅,表现出许多宋代住宅的外形。著名的建筑历史学家刘敦桢在《中国古代建筑史》中说:"宋朝农村住宅见于《清明上河图》中的比较简陋,有些是墙身很矮的茅屋,有的以茅屋和瓦屋相结合,构成一组房屋。"又说:"城市的小型住宅多使用长方形平面。梁架、栏杆、棂格、悬鱼、惹草等具有朴素而灵活的形体。屋顶多用悬山或歇山顶,除草葺与瓦葺外,山面的两厦和正面的披檐(或引檐)则多用竹篷或在屋顶上加建天窗。而转角屋顶往往将两面正脊延长,构成十字相交的两个气窗。稍大的住宅,外建门屋,内部采

用四合院形式。"（见图 5-14）

图 5-14 《清明上河图》局部

除了《清明上河图》外，其他宋画中也反映出当时的住宅建筑形态。如当时的山水画家王希孟的代表作《千里江山图》卷，表现出山村野市、茅篷楼阁等建筑形象。图中画有许多住宅形式。从画中可以看出，当时的住宅有单条状的、曲尺形的、"丁"字形的、"工"字形的、三合院的、多进四合院的，以及由廊庑等组合而成的大宅。由此可见，到了两宋时期，我国的住宅建筑形式已经定形，具有模式化的特征，并能用一定的方式进行拼接。

南宋画家刘松年多画宅第之类的建筑，如他的《四景山水》，画的便是杭州西湖边上的景色。住宅在宋画中出现较多，还有《文姬归汉图》《中兴瑞应图》《汉宫图》《溪亭客语图》《江山秋色图》等。

2. 两宋的园林

北宋的皇家园林是比较辉煌的，主要的皇家园林有东京（汴梁）大内的御花园、延福宫及城东北的艮岳。艮岳是一座大型的人工山水园。另外还有分布在城郊的琼林苑、玉津园、宜春苑、含芳园等，这些均属帝王的行宫。其中最著名的是琼林苑中的金明池。

艮岳是一座大型的皇家园林，其中最著名的是石。此园周围十余里，"岗连阜属，东西相望，前后相续，左山而右水，后溪而旁陇，连绵弥满，吞山怀谷，其东则高峰峙立，其下则植梅以万数，绿萼承跗，芬芳馥郁"。（宋徽宗《御制艮岳记》）艮岳的造园特点，可以归纳为下述几点：首先，把人们主观上的感情以及对自然美的认识及追求，比较自觉地移入园林创作之中，它已不像汉唐时期那样以自然山水为景，而是在有限的空间内表现出深邃的意境。其次,在造山水自然园景方面,手法灵活多样。以假山之形,意象出真山真水之气质。"引江水""凿池沼""沼中有洲",洲上设亭,并把水"流注山涧"。总之,艮岳撰山理水的造园手法已相当完美。最后,园中建筑造型及布局也十分妥贴。山间水边,布置不同类型的建筑:依山者有倚翠楼、清阁,临水则有胜筠庵、蹑云台、萧闲馆、雍雍亭等。

金明池位于东京城西的郑门外。图 5-15 为宋画《金明池争标图》(临摹),从此画中可以看出,池岸建有临水的殿阁,还有船坞、码头等,池的中央有岛,岛上建殿阁,并以圆形的围廊围于阁的周围,有桥与岸相连。此景使人联想起北京颐和园昆明湖上的十七孔桥、小岛及小岛上的龙王庙。这座皇家园林有些特别,它在池中经常举行龙舟比赛等活动,供帝王们观赏,所以这也是一处游乐性的场所,有些类似于当今的"游乐场"。

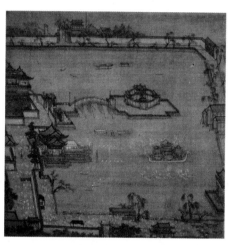

图 5-15 《金明池争标图》局部

再说南宋的园林。临安(今杭州)是南宋园林最多的地方,这些园林大多数围绕西湖来建造,当时,西湖边上的园林不计其数。在此择其典型者,简要介绍几座当时的园林。

集芳园,位于西湖之北的葛岭山麓,前有西湖,后有葛岭,均可借景,为当时园林借景手法之典范。这是太后的私花园,所以有宫苑气派,建筑皆雕梁画栋、富丽堂皇。建筑上的匾额数不胜数,仅高宗所送的就有"雪香""翠岩""绮秀"等 10 余块之多。园中还有小园,如熙然台、无边风月、琳琅步、归舟等。

延祥园,在孤山西侧,内有瀛山屿、六一泉、挹翠、清新堂、香月等景物。宋理宗赠一楹联:"疏影横斜水清浅,暗香浮动月黄昏。"此园文士气较浓,有淡泊之逸趣。

聚景园,又名"西园",位于清波门外,也借西湖之景。此园格调不甚高,其名较浅俗,但园的规模较大,建筑豪华,内有会芳殿、流春堂、揽远堂、芳华亭等20余座建筑。后来此园败落,到明清时,即合为西湖十景之一的"柳浪闻莺"。

当时杭州的名园还有玉津园,位于嘉会门外,绍兴十七年(1147年)建。此园仿北宋的玉津御园,供帝王射御习艺。富景园,升仙桥附近,即东花园,内有孔雀园、茉莉园、百花池等,亦为宫苑。南园,在雷峰塔附近,一名"庆乐园",以亭榭得名,还有射圃、走马廊、流杯池等。秀邸园,在钱塘门外,一名"择胜园",绍定三年(1230年)秀王建别墅,宋理宗亲笔题"择胜"匾。水月园,在大佛头西,高宗亲笔题赐杨存中园名"水月",孝宗时又赐嗣秀王伯圭。隐秀园,在钱塘门外,刘部王之别业。挹秀园,在葛岭下,杨驸马别业。史园,在葛岭西,内有半春、小隐、琼华三园,为史弥园别墅。甘园,在净慈寺侧,又名"湖曲园",后赐谢节使。斑衣园,在九里松附近,韩世忠之别墅。

苏州园林也很多,如沧浪亭,园中建堂造屋,理水叠山,林木掩映,造得十分雅致。可幸的是此园至今仍保持原来格局。

(六)两宋的重要古建筑典籍和桥梁

1.《营造法式》

在建筑史上,两宋时期是一个很重要的转折时期,《营造法式》这部伟大的著述,可以说是这个转折的标志。

《营造法式》纲目清晰,有条不紊,详尽而系统地记述了当时的一系列官式建筑规程,包括建筑的规划、设计、施工、用料及劳动定额等。书中把当时的建筑设计方法概括为"以材为祖"4个字。这种方法其实是从汉唐以来建筑业总结的基础上得出的。

《营造法式》的作者是李诫(1035—1110年),郑州管城(今河南新郑市)人,博学多才,又善于实践。元祐七年(1092年),他被调到汴梁任职"将作监"(相当于皇家工程总负责人),官职从主薄、丞、少监升至正监。李诫在将作监任职期间,主持修建了五十邸、龙德宫、朱雀门、九成殿、太庙和钦慈太后佛寺等工程。绍圣四年(1097年)11月,李诫奉旨"重别编修"《营造法式》,此时他已在"将作监"工作了六七年,具有丰富的实践经验,总结出许多营造的法则,于是他开始编写《营造法式》。此书共34卷,内容分为以下5部分。

（1）"序""子""看样"。

此3部分属"序目"，扼要地叙述了交待任务的经过和编写指导思想。在"看样"中，更为详细地说明了许多规定及数据，如屋顶的坡度线及其画法、计算材料所用的各种几何形的比例、定垂直和水平的方法。还对用"功"做了原则性的规定。"功分三等，为精粗之差"，即按照工种的难易、手艺的高低，把"功"分为上、中、下三等。在计算劳动定额时，"役辨四时，用度长短之晷"，即据一年四季日照时间的长短来规定服役时间，将夏季定为长工，春秋定为中工，冬季定为短工，工值以中工为标准，长、短工则增、减10%。又定"木议刚柔而理无不顺"，按木质软硬定出加工定额的差度。"土评远迩力易以供"，按取土的远近定出定额的多少。这些原则规定，都为"功限"的制订提供了依据。

（2）"总释""总例"二卷。

注释各种建筑和构件的名称，力求统一。另外，在"总例"中对营建的某些规定和数据加以说明，如计算木料的方圆几何关系和人工的"工限"标准等。

（3）各种制度13卷。

分别叙述了壕寨、石、大木、小木、雕、旋、锯、竹、瓦、泥、彩画、砖、窑共13个工种的标准做法。工种的排列，基本上是按施工程序的相互衔接、相互配合来考虑的。从土方工程、基础工程、承重结构体系到装修工程、墙体、屋盖等方面都依次提到了。在各种制度中，既有一般做法，又有特殊做法，以适应不同情况与不同要求。

在书中占很大篇幅的是各种制度，如同"法规"。这是工程质量方面"关防"的重要内容，是研究古建筑的重要部分，它完整地总结了建筑工匠熟练运用的"模数制"，规定"凡构屋之制，皆以材为祖"。这就是说，设计建造房子，以这幢建筑中所用的斗拱的"材"为依据。"材"就是拱的断面，高15"分"，宽10"分"。一般工匠只要依据所定的口诀记住各种构件的"分"数，就能施工建屋，免去了大量的数字换算，能减少差错，提高工效。

（4）"功限""料例"13卷。

为了达到"关防"建筑经济目的，对13种制度的各工种的劳动定额和用料定额都定得非常细致。例如，制作斗拱、斗八藻井、重台勾栏的木工算是上等工；能按椽子制作乌头门的木工算为中等工；能做草架、板门的为下等工。还提出不能大材小用，规定特等大材须整料用作第一至第三等材大殿的梁柱，不准分小使用。还规定有许多木材拼接的灵活做法，石料加工也同样如此。

（5）各种工程图样共6卷。

工程图样包括平面、剖面、立面及大样等。这反映出当时的技术、工艺水平之高,更反映出宋代的理性精神之发展。

2.南宋的桥梁

浙江绍兴城内的八字桥,位于城东八字桥直街东端。此桥始建于南宋嘉泰年间(1201—1204年),重修于南宋宝祐四年(1256年),今桥下石柱上有"时宝祐丙辰仲冬吉日建"等字,是重修之见证。此桥为石结构,造型奇特,为我国古代水陆交通交错处理之杰作。此桥连接五街三河,处理得甚妙。桥呈东西向,横跨在一条由会稽山麓自南向北流的河上。在桥的南侧,又有一条东西向小河与主河道相通。由桥心向西下数级石级,有一平台,至此桥势陡转,分别向南、北两个方向延伸。南面石级下去,又有一个平台,然后向西、向南两个方向下桥,向西一直延伸至八字桥直街,向南则从另外一个方向下桥,向北下桥与它对称。主桥西侧的平台下面,就是从西面来的河道,形成两河"丁"字形交接。

二、辽、金时期的建筑

(一)辽、金的城市和宫殿

1.辽、金概说

在我国历史上,除了汉族以外,还有许多少数民族,这些民族往往形成独立的政权形式。如两宋时期,在我国的北方有辽(契丹族,907—1125年)、金(1115—1234年)等。

辽、金建筑有如下几个特点:一是汉化。由于这些民族的文化比起汉族文化还显得比较落后,所以他们往往学习汉族文化,包括文字、民俗文化等,因此在建筑上也形成与汉地建筑十分相似的情况。例如,山西应县木塔是辽代建筑,但看起来与汉地建筑无二,山西大同善化寺建筑也同样如此。二是由于民族文化上的差异,相对来说,这些民族的建筑要比汉地的建筑来得简约、粗犷,如元代所建的八达岭居庸关,就显得比较敦实、简约,形象庄重。三是尚未脱离本民族的某种习俗。四是辽、金建筑文化都得到了统一,形成当时中国统一的建筑文化。这种文化在古代有着相当高的地位。

2.辽代的城市和宫殿

辽建都临潢,即今内蒙古自治区巴林左旗之林东镇南。辽都城称"上京",分南北两座城,如今城的遗址尚在。北城是皇城,呈正方形平面,东西宽和南北长均4里余。城内正中尚有高地,平面约1里见方,据考古学家研究,这里可能是当时辽国的皇宫所在,北端地形较为规则,为禁苑所在。宫殿位于南端,如今除了长方形的建筑基地外,尚存石狮1对。考古学家研究认为,这里是当时的宫殿正门承天门。据《辽史·地理志》记载,这里还有安国寺以及绫锦院、内省司、曲院、瞻国仓、省司仓等(见图5-16)。

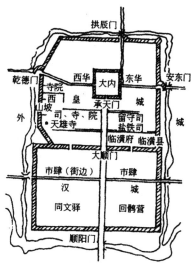

图 5-16　辽上京临潢府故城发掘图

3. 金代的城市和宫殿

金比辽略晚,其主要势力范围最早在今东北、内蒙古东部一带,其首府为上京会宁,在今之黑龙江省哈尔滨市阿城区南4里许。这里地形甚佳,西有高山为屏,东有阿什河。据发掘研究,此城为长方形,东西2 300米,南北3 300米。东北近沼泽地,所以凹进近400米。城墙用土筑,城四周各有1门,均不相对,外有瓮城。城分南北两部分,中设隔墙,墙中偏东处设门。南部靠西北处地势较高,据分析研究,此乃宫殿所在,如今尚留有宫城遗迹约560米见方。宫殿区的正门在南,与城的南门相对。正门前左右有高丘,是防御性建筑的遗址。

公元1115年金灭辽,于贞元元年(1153年)将都城迁至中都(这里原是辽的南京),并大肆修建。当时曾派画工至宋都城东京(今河南开封),测绘了宋都城形制及建筑形式,以此作为借鉴。金中都为两套方城,外城东西宽约3 800米,南北长约

4 500 米。每边设三门，城内中部是皇城。道路从城门引伸，垂直交叉，形成规则的"井"字形。宫城南中轴线约 2 公里，两边皆建宫殿、寺庙等。宫城前有石桥及千步廊。进入宫城，至大殿，大殿建在高台基上。大殿之后中轴线上是高耸的天宁寺塔。

建设金中都时，动员人役 80 万人、士兵 40 万人，工程浩大，宫殿苑囿建设得十分辉煌。城东北建大型苑囿和宫殿，其中最大的宫殿是万宁宫，这就是今北京的中南海。这座美丽豪华的都城后来被元兵破坏，成了一片废墟。

(二)辽、金的宗教建筑

1.辽、金的寺院建筑

(1)天津蓟县独乐寺。

天津蓟县独乐寺，最早建于唐初，辽代重建。独乐寺山门建在低矮的台基上，坐北朝南。此建筑规模不大，面阔 3 间，进深 2 间，中间为门道，两侧有手执金刚杵护卫山门的金刚夜叉像。入山门，正北为观音阁，是寺的主体建筑。这是一座 3 层、总高 23 米的楼阁式建筑，但外面看上去只有两层，因为中间的一层是夹层。屋顶为歇山顶，下层设回廊、栏杆及腰檐。这座建筑的特点是中空，周围上部设两层回廊(见图5-17、图 5-18)，形式颇为特别。据考古学家研究，此建筑建于辽统和二年(984 年)。

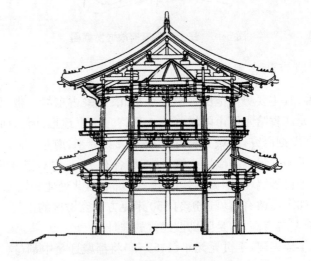

图 5-17　独乐寺观音阁剖面

图 5-18　独乐寺观音阁实景

观音阁内部须弥座,上设 11 面泥塑观音,像通高 16 米,形态端庄、生动,姿态优美,为辽代塑像之上品。

(2)山西大同华严寺。

山西大同华严寺分上、下两寺。上华严寺位于大同市,关于寺修建于何时有各种说法。《重修上华严禅寺感应碑记》(刻于明代)称其建于唐代,但《重修上华严禅寺碑记》(刻于清代)中说它修建于北魏。历史学家认为,建于辽代清宁八年(1062年)应是比较可靠的说法。

辽代时,此寺规模较大,建筑雄伟,内有大雄宝殿及许多其他建筑。据史书记载,寺内有"南北阁,东西廊。北阁下铜、石像数尊"(《山西通志》),据说其中还有辽帝后像。

公元 12 世纪中叶,辽金大战,金兵入侵大同,上华严寺毁于兵火。后来这里归金所有。金熙宗天眷三年(1140 年),重建大殿、观音阁、山门、钟楼等。后来元、明、清历代均对此进行过重修,上华严寺一直保持至今。

上华严寺建筑以大雄宝殿为中心,另有三山门、前殿及钟鼓楼、祖师堂、禅堂、云水堂及两厢廊庑等,布局严整,井然有序。主体建筑大雄宝殿为金代天眷三年(1140年)所建之原物。此殿面阔 9 间,达 54 米,进深 5 间,达 29 米,总面积 1 559 平方米,为我国规模较大的佛殿之一。屋顶用单檐庑殿顶,为典型的辽、金时期的建筑风格。殿内由于用"减柱法",所以空间宽大,在当时来说是一种比较先进的木结构做法。

下华严寺位于上华严寺的西南方,寺内有薄伽教藏殿、海会殿等建筑。其总体布局特征是多院落式的。与上华严寺比较,下华严寺布局则显得自由,建筑风格也更灵活。其中最著名的建筑是薄伽教藏殿。此殿是藏经之地。殿为辽代原物,建于辽重熙七年(1038 年),是我国仅存的辽代殿宇。殿内壁藏做得十分考究。沿内墙排列藏经的壁橱共 38 间,仿重楼形式,分上下两层,在后窗处中断,做成"天宫楼",5 开间,飞越窗上,与左右壁橱相连接,真实地表现了辽代的建筑风格。

(3)山西大同善化寺。

山西大同的善化寺创建于唐中叶,后来毁于兵火,金天会六年(1128 年)重建。寺采用中轴线对称布局。寺内主体建筑大雄宝殿是辽代之原物,普贤阁、三圣殿及山门等为金代之原物,大雄宝殿建在一个高台上,面阔 7 间,进深 5 间,屋顶形式单檐庑殿顶,其做法是典型的辽代建筑风格,屋面坡度较平,上面的屋脊较短。殿内正中佛坛上有塑像 5 尊,称为"五方佛",衣纹流畅,姿态容貌端庄。普贤阁平面方形,两层,中有腰檐,顶为歇山式,楼上设围廊栏杆,具有人情味,可谓中国佛教建筑之典型气质。三圣殿面阔 5 间,进深 4 间,也为单檐庑殿顶。殿内除中央佛坛上有"华严三圣"(中为释迦牟尼,两边为文殊、普贤菩萨)外,还有石碑 4 块,其中有宋人朱弁撰文的《大金西京大普恩寺重修大殿记》,具有很高的文物价值和史学价值。

(4)辽宁义县奉国寺。

辽宁义县奉国寺位于今辽宁省义县城内,此寺初名为"咸熙寺",后改为"奉国寺"。现存的寺庙呈前窄后宽形状,中轴线对称布局。自山门起,依次为牌楼、无量殿和大雄殿。大雄宝殿建于辽开泰九年(1020 年),建筑形式为面阔 9 间,进深 5 间,单檐庑殿顶。此建筑规模甚大,为辽代所建之原物。殿内中间并排有七尊佛像。图 5-19 为奉国寺总平面图。

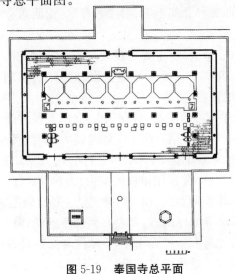

图 5-19　奉国寺总平面

2.山西应县木塔

山西应县木塔是我国古代留下来的唯一的木塔(其他还有砖塔、砖木塔、石塔及金属塔等)。这座佛塔的正式名字为"佛宫寺释迦塔",由于此塔座落在山西应县,故人们称之为"应县木塔"。此塔建于辽清宁二年(1056年),历代虽多次维修,但其主体结构仍为当时之原物(见图5-20)。此塔平面八边形,外形为五层六檐(底层为双檐),内部为九层(有四层是暗层)。塔高67.13米,底层直径约30米。塔建在4米高的两层石砌台基上。塔身内外双槽立柱,构成双层套筒式结构,柱头、柱脚均由水平构件连接。暗层中又用斜撑,使它具有坚实的整体性。各层塔身每面三间四柱,东、南、西、北4个方向中间开门,可以外出至廊,有栏杆围护。塔的第一层内壁有如来佛画像6尊,中间顶部藻井高耸,下为高大的释迦牟尼佛像。第二层正中有方坛,上有一佛二菩萨,佛即释迦牟尼,西为普贤菩萨,东为文殊菩萨。第三层八角坛上为四佛,东为阿佛,西为阿弥陀佛,南为宝生佛,北为不空成就佛。第四层又是四方坛,释迦牟尼佛像居中,八大菩萨分座八方。

图5-20 山西应县木塔

(三)辽、金的陵墓与园林

1.辽、金的陵墓

辽代的陵墓史料较少,此处介绍今内蒙古自治区巴林(左、右旗)一带的辽代陵墓。

辽庆陵,原名"永庆陵",位于内蒙古自治区巴林右旗辽庆州城(遗址)北的大兴安岭,辽代时称"永安山"。山为东西走向,山麓葬有辽圣宗耶律隆绪、兴宗耶律宗真、道宗耶律洪基3个皇帝及其后妃,通称东陵、中陵和西陵。这些陵在民国初年被盗,随葬文物多已散失。墓内壁画内容丰富,东陵壁画中还绘有巨幅《四季山水图》。

辽太祖陵,位于内蒙古自治区巴林左旗辽祖州城遗址西北的环形山谷之中。谷口山峰陡立,并筑有土墙阻隔,豁口仅可容小车通行。谷内古木参天,清泉洌洌,风景悠然。辽太祖耶律阿保机的陵墓在谷内北山坡,由石块垒起地宫墙身,遗迹已露表面。坡下尚存享殿遗址,翁仲、经幢等尚在,谷口两侧有好几处守卫建筑遗址。东侧小山顶有石雕大龟趺一个,其附近发现残破碑上刻有公正秀丽的契丹大字,极具文物价值。

金代的皇陵也很有特点。金代的陵墓群位于今北京西南的房山区西北约10公里的云峰山下。金代陵墓早已衰败,清初有所修缮,其主要陵墓有太祖睿陵、太宗恭陵、世宗兴陵、章宗道陵、熙宗思陵等。

2.辽、金的园林

辽、金时期的园林史料较少,实物则更少。金中都之造园,其数量与规模其实也不亚于宋代。当时皇城内有宫城,在宫城之西以天然的河道湖泊,开辟出风景秀丽的苑囿——同乐园,又叫西华潭或鱼藻池,其内兴建瑶池、蓬瀛、柳庄、杏村等景点,有"晚风吹动钓鱼船"之美誉。在金中都之东北郊利用原来的天然湖泊建造园林,仿汴梁的艮岳皇家园林,湖中有琼岛,环湖点缀着宫殿楼台,这就是如今的北京北海公园之前身,北海琼华岛上的许多假山,就是当年从艮岳等地运来的。总的来说,辽、金时期由于多承袭汉地文化,所以园林的艺术文化没有什么新的发展。

第六章　元、明、清时期的建筑

1279—1912 年,600 多年间,中国农业、手工业的发展达到了封建社会的最高水平,在政治上出现了封建社会最后一次大统一的局面,也是我国多民族国家进一步发展、融合、巩固的新阶段。在技术和艺术普遍发展的基础上,这一时期的造园艺术和装饰艺术获得了更为突出的成就。本章将对元、明、清时期的建筑进行研究。

第一节　元代建筑

1206 年元太祖即位大汗,1271 年元世祖建立元朝,1279 年灭南宋统一中国。元朝建立后进行了残酷的民族压迫,掳掠了大批农业和手工业人口,从而严重破坏了农业、手工业和商业的发展,使封建经济和文化遭到极大摧残,对中国社会的发展起了明显的阻碍作用,建筑发展也处于停滞状态。元朝统治者一方面提倡儒学,使宋朝"理学"得以继续发展,同时又保持本族原来的一些风尚,并利用宗教作为加强统治的一种手段。由于各民族不同宗教和文化的交流,给传统建筑的技术与艺术增添了许多新的因素,带来了一些新的装饰题材,雕塑、壁画也出现新的手法。拱券结构较多地用于地面建筑,但木构建筑在质量与规模上都不如两宋时期的水平。随着经济的恢复和发展,各地城市得以不断繁荣,元大都的建设使汉唐以来的都城规划有了进一步发展。在元大都的宫殿,还出现了若干新的建筑形式和建筑装饰。伊斯兰教建筑从元代起出现了以汉族传统建筑布局和结构体系为基础,结合伊斯兰教特点的中国伊斯兰教建筑形式。

一、元代的城市建设和宫殿建筑

蒙古灭金后,元世祖迁都于金中都,在其东北部,以琼华岛为中心建了一座新城,称中都,1272年,改名为大都。

元大都位于华北平原的北端,西北有山岭作为屏障,西、南二面有永定河流贯其间。城的平面近方形,南北长7 400米,东西长6 650米,北面二门,东、西、南三面各三门,城外绕以护城河。大都城内主要干道都通向城门,干道间有纵横交错的街巷。皇城在大都南部的中心,皇城南部偏东是宫城,东边有太庙,西边是社稷坛。大都城规划体制基本沿袭了《考工记》中记载的都城制度(见图6-1)。

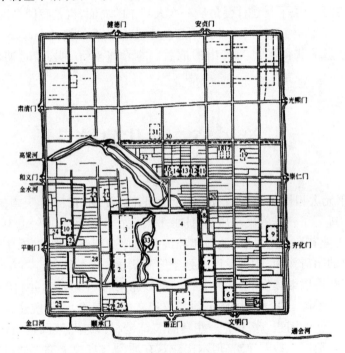

图6-1 元大都复原平面

1—大内;2—隆福宫;3—兴圣宫;4—御苑;5—南中书省;6—御史台;7—枢密院;
8—崇真万寿宫(天师宫);9—太庙;10—社稷坛;11—大都路总管府;12—巡警二院;
13—倒钞库;14—大天寿万宁寺;15—中心阁;16—中心台;17—文宣王庙;18—国子监学;
19—柏林寺;20—太和宫;21—大崇国寺;22—大承华普庆寺;23—大圣寿万安寺;
24—大永福寺(青塔寺);25—都城隍庙;26—大庆寿寺;27—海云可庵双塔;28—万松老人塔;
29—鼓楼;30—钟楼;31—北中书省;32—斜街;33—琼华岛;34—太史院

大都皇城中包括3组宫殿、太液池及御苑。主要宫殿在宫城内,宫城又称大内,位于全城中轴线南端,宫城西侧是太液池,太液池西侧的南部是西御苑,是太后居住的地方,北部是太子居住的太兴宫,宫城以北是御苑。宫城四角建有角楼。宫城内的宫殿,一组以大明殿为主,一组以延春阁为主,建在全城的南北轴线上,其他殿宇则建在这条轴线的两侧,构成左右对称的布局。元朝的主要宫殿多数是由前后两组宫殿组成,中间用穿廊连为"工"字形殿,前为朝会部分,后为居住部分,殿后建有香阁。宫殿内的装饰有浓厚的蒙古族文化特征,兼受喇嘛教的影响,其间有方形柱、壁毡、帷幕,个别的宫殿做成蒙古包形式,宫城内还有若干盝顶殿及维吾尔殿、棕毛殿等,是以前宫殿所没有的。

二、元代的宗教建筑

由于元代崇信宗教,因此佛教、道教、伊斯兰教等均有发展,宗教建筑异常兴盛,出现了大量的庙宇。山西洪洞县广胜寺、山西芮城县永乐宫以及北京妙应寺白塔,均为此时期的作品。

（一）永乐宫

山西芮城县永乐宫是元朝道教建筑的典范,是一组迄今保存最完整的元代道教建筑群。永乐宫全部建筑按轴线排列(见图6-2),其中三清殿无论是从体量和形制上,都比其他几座宫殿更为庞大(见图6-3)。三清殿为七开间、庑殿顶,里面各部分比例和谐、稳重、清秀,保持了宋代建筑特点,屋顶使用黄、绿二色琉璃瓦,台基处理手法新颖,是元代建筑中的精品(见图6-4)。三清殿梁架结构遵循宋朝的结构传统,规整有序,平面减柱甚多,柱身自上而下略有收分,檐柱有明显的生起和侧脚,屋面坡度大,出檐减短,梁架简化,斗棋比例缩小,是元代官式大木结构最重要、最典型的建筑之一(见图6-5)。三清殿的壁画构图宏伟,题材丰富,线条流畅、生动,为元代壁画的代表性作品(见图6-6)。其实,永乐宫的原址位于黄河北岸的永济县,1959年,由于修建三门峡水库,永乐宫正位于蓄水区内,因此必须迁出库区,前后花费了5年的时间才将永乐宫完整的建筑群和精彩的壁画迁至山西芮城县。

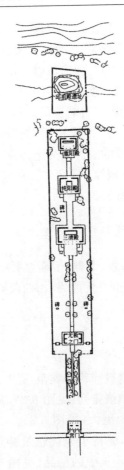

图 6-2　山西芮城县永乐宫总平面

图 6-3　永乐宫三清殿外观

图 6-4　永乐宫三清殿正立面

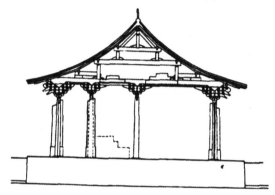

图 6-5　永乐宫三清殿明间横剖面

图 6-6　永乐宫三清殿壁画

（二）妙应寺白塔

在元代喇嘛教建筑中，建于至元八年（1271 年）、由尼泊尔青年工匠阿尼哥设计的今北京妙应寺白塔是一个典型的实例(见图 6-7)。妙应寺白塔全名为大都大圣寿万安寺释迦灵通塔,由塔基、塔身、相轮 3 部分组成(见图 6-8)。塔高约 53 米。此塔建在"凸"字形台基上,台上设平面"亚"字形须弥座两层,座上以硕大的莲瓣承托粗短的塔身(又称宝瓶或塔肚子),再上是塔脖子、相轮及青铜宝盖,塔顶原是宝瓶,现在是一小喇嘛塔,塔体为内砖外抹石灰刷成白色,整体比例匀称,外观雄浑壮观(见图 6-9)。妙应寺白塔是喇嘛塔中最杰出的作品之一。

图 6-7 北京妙应寺白塔外观

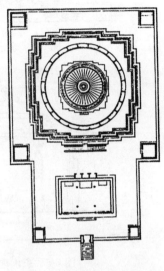

图 6-8 北京妙应寺白塔平面

图 6-9 北京妙应寺白塔立面

三、元代的陵墓

（一）成吉思汗陵

成吉思汗陵园坐落在内蒙古鄂尔多斯一处名为伊金霍洛旗的地方,它位于这个绿色盆地的小山坡上,溪水从陵园下流过,远处是一望无际的大沙漠。成吉思汗陵园主要由3个相互连接的大殿组成,中间一座为正殿,两侧为配殿,通过过厅联系在一起,形成一个整体(见图 6-10)。3 座大殿均建在由花岗石砌成的台基上,四周雕有栏杆,殿顶为穹窿顶,铺以蓝色和金色琉璃瓦。正殿高 26 米,八角重檐穹窿顶,殿内四壁均有壁画,大殿正中为成吉思汗坐像。正殿后面还有一个后殿,为成吉思汗灵包。

图 6-10　内蒙古鄂尔多斯成吉思汗陵的 3 座大殿

（二）东山王墓群

在山东昌乐县东南部有一处元代墓群,该墓群向南约 200 米是一古河道,向东约 600 米为一南北向丘陵,墓区高出周围地面约 50 厘米,地势平坦,面积约 3 000 平方米,分布着 26 座古墓。墓室的结构分为 3 种形制,有长方形穹窿顶墓、圆形穹窿顶墓和长方形石室墓。

长方形穹窿顶墓由青灰色石块筑成,墓门有未加工的长条石门框、门楣,门上装双扇石门,有枢轴。向上高 1.2 米处开始逐渐内收成穹窿顶,顶部有一圆孔,上面盖一块不规整的石板,石板底面雕有莲花图案。墓室后部有棺床,用不规则石片铺成,墓内置灯,随葬器物有瓷罐、碗、碟等。

第二节　明代建筑

在元末农民大起义的基础上,明太祖朱元璋在 1368 年建立了明朝。因金、元时期,北方受到战乱的破坏,而南方自南宋以来经济发展相对稳定,故明代的南北方在社会经济和文化发展方面极不平衡。明初,统治阶级采取各种措施,解放奴隶,兴修水利,鼓励垦荒,扶植工商业,促使封建经济迅速恢复和发展。到了明中叶,由于手工业生产和技术的逐步提高、商品经济的发展、国内外贸易的扩大及独立手工业者的增加等原因,引发了资本主义在中国的萌芽和发展。因此,明代产生了许多手工业的生产中心,如瓷器中心景德镇、丝织中心苏州、冶铁中心遵化等。明朝的对外贸易也很繁荣,外贸活动开展到日、朝、东南亚及欧洲的葡萄牙、荷兰等国。

社会经济文化的发展也促进了建筑的进步。在建材方面,明代的制砖业与琉璃瓦都有较大的发展。砖已普遍用于地方建筑,因大量应用空斗墙等砖墙,创造了"硬山"建筑形式,并出现了明洪武年间建造的以南京灵谷寺无梁殿(原称无量殿)为代表的一批全部用砖拱砌成的建筑物。由于在烧制过程中采用陶土(亦称高岭土)制胎,使琉璃砖的硬度有所提高,预制拼装技术与色彩质量也都达到了前所未有的水平。

木结构经元代的简化,又加之明代砖墙的发展,形成了新的定型化木构架,其官式建筑形象不及唐宋舒展开朗,以严谨稳重见长。因各地区建筑的发展,使建筑的地方特色更加显著。群体建筑也日趋成熟,如明十三陵,利用起伏的地形和优美的环境创造出陵区庄重、肃穆的氛围。私家园林在此时期十分兴盛,特别是江南地区,造园之风尤甚。

一、明代的城市建设

1403 年,明成祖(朱棣)夺取帝位后,为了防御蒙古人的南扰,从南京迁都至北京。北京位于华北平原北端,西北有崇山峻岭作屏障,西南有永定河贯穿其间,地处通向东北平原的要冲地带,战国时曾是燕国国都,辽曾在此建陪都,金时依辽城向东南扩大 3 里建中都。金中都没能解决好漕运问题,故元灭金后弃金旧城,在其东北的琼华岛离宫建大都城。明中叶,为防御蒙古骑兵的侵扰,同时考虑财力问题,于嘉靖三十二年(1553 年)加筑外城,把天坛、先农坛及稠密的居民区围了进去(见图 6-11)。直至清朝,北京城的布局与规模基本没变。

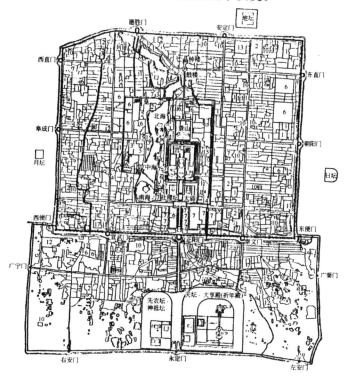

图 6-11　明北京城平面

1—亲王府;2—佛寺;3—道观;4—清真寺;5—天主教堂;6—仓库;7—衙署;

8—历代帝王庙;9—满洲堂子;10—官手工业局及作坊;11—贡院;12—八旗营房;

13—文庙、学校;14—皇史宬(档案库);15—马圈;16—牛圈;

17—驯象所;18—义地、养育堂

明北京城是在继承历代都城规划和建设经验的基础上而创造出来的一座典型的封建王朝都城,其布局完全体现了战国文献《考工记》中在轴线上以宫室为主体的规划思想。其外城东西长 7 950 米,南北长 3 100 米,南面 3 门,东西各 1 门,北设 5 道门,中间的 3 道门就是内城的南门,东西两面各有 1 门通城外。内城东西长 6 650 米,南北长 5 350 米,南面 3 道门(即外城北面 3 门),东、北、西各两座门,并均设有瓮城和城楼,内城的东南与西南两个城角建有角楼。皇城位于全城南北中轴线中心偏南,东西长 2 500 米,南北长 2 750 米,呈不规则的方形,四面开门,南面正门是天安门。其南向还有一座皇城的前门,明称大明门,清改称大清门。皇城内的主要建筑是宫苑、庙社、衙署、作坊、仓库等。北京城的布局以皇城为中心,全城被一条长7.5公里的中轴线贯穿南北,南起外城南门永定门,经内城正阳门、皇城的天安门、端门及紫禁城的午门,穿过故宫内三座门七座殿,出神武门后越景山中峰主亭与地安门至北端的鼓楼与钟楼。中轴线上及两侧的故宫、天坛、先农坛、太庙及社稷坛等建筑群,气势宏伟,金碧辉煌,与其周围广阔的青砖灰瓦的民宅群形成了强烈对比,充分显示了封建帝王的权威与至尊无上的地位,反映出严格的封建等级制度。在城市功能上,皇城四侧形成了4个商业中心,但由于皇城居中而使得东西交通不便。

二、故宫和天坛

(一)故宫

北京故宫是明、清两朝的皇宫,始建于明永乐四年(1406年),工程建设进行了14年。宫城南北长960米,东西长760米,房屋达900多间(见图6-12)。

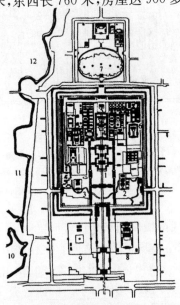

图6-12 北京明、清故宫总平面

1—太和殿;2—文华殿;3—武英殿;4—乾清宫;5—钦安殿;6—皇极殿、养心殿、乾隆花园;
7—景山;8—太庙;9—社稷坛;10,11,12—南海、中海、北海

宫殿形制遵循明初南京宫殿制度，全部建筑分为外朝和内廷两大部分。

外朝主体建筑有奉天殿、华盖殿、谨身殿（清朝依次改称太和殿、中和殿、保和殿）3座大殿，呈"工"字形排列。外朝自奉天门（太和门）起用廊庑把前三殿包绕起来，两侧庑间文楼（体仁阁）位东、武楼（弘义阁）位西。3殿立于由汉白玉雕琢而成的三重须弥座台基之上。奉天门（太和门）距午门160米，门前形成开阔的广场，金水河萦绕其前，跨河有五龙桥。奉天门（太和门）地位较高，为常朝听政处，其实际是一座殿宇，为重檐歇山殿（见图6-13）。

图6-13　奉天门（太和门）

奉天殿是皇帝举行登基、朝会、颁诏等大典的地方，平面9间（清改建为11间），重檐庑殿顶，面阔63.93米，3层台基高8.13米。奉天殿（太和殿）一切构件规格均属最高级，是我国现存最大的木构大殿（见图6-14）。

图6-14　奉天殿（太和殿）

奉天殿的殿前广场面积达 3 000 平方米,可举行万人集会和陈列各色仪仗陈设,基座月台上设置铜龟、铜鹤、日晷(计时仪器)、嘉量(标准量器)等物。红色的墙柱,金黄色的琉璃瓦,则是皇宫建筑特有的色彩构件。可以说,这栋建筑集中了全国最上乘的建筑材料和最优秀的工匠,所有的构件装饰也均达到了最高等级。

华盖殿(中和殿)是皇上大朝前的休息之处,呈方形,3 开间单檐攒尖顶。谨身殿(保和殿)是殿试进士的地方,9 开间重檐歇山顶。两者等级均低于奉天殿(太和殿)。

另外,三殿东侧的文华殿和西侧的武英殿是外朝的另两组宫殿群,均为"工"字形平面。文华殿为太子书斋,后改为皇帝召见翰林学士、举行讲学典礼之处。清代建文渊阁于文华殿后,为藏《四库全书》之用。武英殿是皇帝与大臣议政之处。文华殿与武英殿均为单檐歇山顶,等级较低。

内廷主体建筑也以三大殿为主,依次为乾清宫(见图 6-15)、交泰殿、坤宁宫,其中乾清宫是皇帝正寝,为重檐庑殿 7 间殿,尺度较奉天殿(太和殿)大为减小。

图 6-15 乾清宫

坤宁宫为皇后正寝(清时为皇帝结婚之处)。在明朝初年,乾清宫和坤宁宫二者之间连以长廊,呈"工"字形布局,明嘉靖时两宫间建一小殿——交泰殿。三大殿东西两侧为东西六宫,为嫔妃居住之所。东六宫东侧为太上皇居所——宁寿宫,西六宫西侧为皇太后居住的慈宁宫。宫廷最北端是御花园,殿阁亭台对称布置,内有苍松翠柏、奇花异草、假山怪石,为故宫内唯一亲近自然之处。

故宫建筑群在总体布局、建筑造型、装饰色彩及技术设施等方面均是中国封建社会后期建筑的典范。在平面布局上,强调中轴线和对称布局,并且对建筑精神功能的要求比其实际使用功能要求更高。在宫城中以外朝 3 座大殿为重心,其中又以奉天殿(太和殿)为其主要建筑,以显示居中为尊的思想。在建筑处理上,采用建筑形体的尺度对比,以小衬大,以低衬高,以此来突出主体。主要建筑尺度高大,次要建筑台基高度按级降低,尺度减小。形体上主要按屋顶形式来区分尊卑等级,最高级别为重檐庑殿,以下依次为重檐歇山、重檐攒尖、单檐庑殿、单檐歇山、单檐攒尖、悬山、硬山;其次按开间数,最高为 9 间(清太和殿为 11 间),以下依次为 7 间、5 间、3 间。在建筑色彩上采用强烈的对比色调,白色台基,红色墙面,再加上黄、绿、蓝等诸色琉璃屋面,显得格外绚丽夺目。在中国古代,金、朱、黄最尊,青、绿次之,黑、灰最下。故宫的各类设施已十分完善,在 70 多公顷的宫城内有河道长 1.2 公里左右,供防卫、防火、排水用,城内有完整沟渠,排水坡度适当,城内无积涝之患。宫中用水一方面由玉泉山运来供帝王使用,另一方面在宫内打井 80 余口供宫内使用。宫内防火则是在各间设砖砌防火墙,屋顶用锡背。在采暖方面则用火道地坑。

(二)天坛

天坛是明、清两朝皇帝每岁冬至日祭天与祈祷丰年的场所,建于明永乐十八年(1420 年),经嘉靖年间改建而得以完善。其主要建筑祈年殿因雷火焚毁,于清光绪十六年(1890 年)重建。

天坛由内外两重围墙环绕,北墙呈圆形,南墙为方形,象征天圆地方,占地 280 公顷,东西长约 1 700 米,南北长约 1 600 米。天坛建筑按其使用性质分 4 组:内围墙里,在中轴线北端是祈年殿及附属建筑;在南端是圜丘及皇穹宇;内围墙西门内的南侧是皇帝祭祀时住的斋宫;外围墙西门内,建有饲养祭祀用牲畜的牺牲所和舞乐人员居住的神乐署(见图 6-16)。其中,最主要的建筑是圜丘和祈年殿,在艺术构图上,祈年殿及附属建筑是天坛总平面体中最主要的建筑群。

天坛圜丘的平面为圆形,3 层,青色琉璃砖贴面(清乾隆时改用汉白玉),现上层直径 26 米,底层直径 55 米。因天为阳,故一切尺寸、石料件数均须为阳数(奇数),如三、五、七、九等代表天。如圜丘三层,每层石板均为九的倍数。圜丘周围用两重矮墙围绕,内圆外方,且四面正中均建有白石棂星门(见图 6-17)。圜丘往北,距北棂星门 40 米处为皇穹宇(见图 6-18),它是一座单檐攒尖的圆形小殿,是平时供奉"昊天上帝"牌位的建筑,直径 63 米,高约 19.80 米,青色琉璃瓦,金顶朱柱,下为白色石雕台基栏杆,内部藻井及金柱彩画十分精美。两侧各有一配殿,外墙为正圆形,墙面采取磨砖对缝砌筑,上加青色琉璃顶。围墙有回声,俗称回音壁。

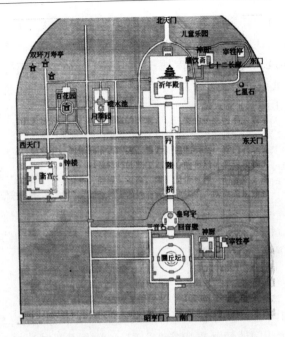

图 6-16　北京天坛总平面

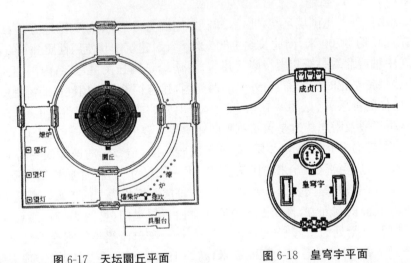

图 6-17　天坛圜丘平面　　　　　图 6-18　皇穹宇平面

　　祈年殿与圜丘之间用长约 400 米、宽 30 米、高出地面 4 米的砖砌甬道丹陛桥相连。祈年殿平面呈圆形，直径为 30 米，高为 38 米，立于三层汉白玉须弥座台基上，底层直径约 90 米，三重檐攒尖顶，青色琉璃瓦，金顶朱柱，檐下彩绘金碧辉煌

（见图 6-19）。祈年殿和其东西配殿由方形围墙围合，其南有祈年门，与祈年殿之间的距离约为殿高的 3 倍。其后有皇乾殿，单檐庑殿顶，立于单层台基上，它与祈年殿的关系恰如皇穹宇对于圜丘一样。祈年殿与圜丘在空间上存在着强烈的对比，两圆心相距约 750 米，前者为高耸矗立的殿宇，后者为扁平低矮的露坛，遥遥相对。皇帝在祭天前夕住在斋宫内，其规模很大，有护城河、周围廊、正殿（明代砖券结构的"无梁殿"）及寝宫等。正殿为 5 开间庑殿顶。

图 6-19 天坛祈年殿

封建帝王对于天坛的设计有着严格的要求，最主要的是在艺术上表现天的崇高、神圣及皇帝与天之间的密切关系。匠人们利用当时的材料及技术达到祈天的要求，如圜丘、皇穹宇、祈年殿平面均为圆形，青色琉璃瓦，青白石坛面，繁密、肃穆的柏树林，阳数的坛层及尺寸，精巧的刻工以及精心的布局，使建筑物的大小、比例、尺度等超出常规，创造出一种清新、静谧、崇高、肃穆及神灵的感觉。这充分反映了当时的匠人对于建筑空间环境造型和色彩方面均有极高的认识，所以天坛建筑是一件极为成功的作品。

三、十三陵

明陵中颇具规模的有南京孝陵、泗州祖陵、凤阳皇陵及北京十三陵，四者中最具代表性的是十三陵。十三陵是从 15 世纪初到 17 世纪中叶建造的明朝十三代皇帝的陵墓。它位于北京往北约 45 公里的昌平区天寿山麓，这里三面环山，南面敞开，十三陵沿山麓散布，各据一山趾，均面向陵墓群体主体——长陵，各陵相距 400

～1 000米,彼此呼应。南向山口处,有两座小山如同双阙,作为陵的入口,整个陵区南北长约 9 公里,东西长约 5 公里,结合自然地形,组成了一个宏伟、肃穆的整体。

整个陵区的入口为一座 5 间 6 柱 11 楼的石牌坊,建于嘉靖年间,通面阔 28.86 米,汉白玉石构件修筑,雕刻精细,比例、尺度适中,气宇不凡,是我国最大的石坊(见图 6-20)。牌坊中线遥对天寿山主峰,距其 11 公里。自此往北,神道经陵区大红门、碑亭、华表、石象生(18 对,有马、骆驼、象、文臣、武将等)(见图 6-21)至龙凤门。神道本意为长陵而设,但之后却成为十三陵共同神道,这与唐、宋各陵单独设置神道全然不同。

图 6-20　明十三陵石牌坊

图 6-21　明十三陵神道两侧石象生

　　长陵是十三陵中规模最大的一座,甚至超过了南京的孝陵。这座陵寝建于明永乐二十二年(1424 年),占地约 10 公顷,周围有围墙,整个建筑可分为陵门、祾恩门、祾恩殿、明楼及宝顶 5 个部分。宝顶围墙做成城墙形式,下方就是陵寝主体——地宫。宝顶前面正中有方台,上建碑亭,下称"方城",上叫"明楼",明楼前以祾恩殿为主体,祾恩门与陵门间设置神帛炉。

　　长陵最重要的建筑是祾恩殿。祾恩殿是一座和奉天殿(太和殿)很类似的大殿,重檐庑殿顶,面阔 9 间 66.75 米,进深 5 间 29.13 米,面积略小于奉天殿(太和殿),而正面面阔超过奉天殿(太和殿),是我国现存最大的古代木结构建筑之一。一座 3.21 米高的 3 层白石台基承托大殿的 60 根柱子,柱子全部由名贵的整根楠木制成,最高的约 12 米,当中的 4 根大柱直径达 1.17 米,虽历经 500 多年,但至今仍完整无损,香气袭人,这在中国建筑史上是独一无二的(见图 6-22)。

图 6-22　祾恩殿

　　长陵宝顶直径达 300 米,实际是由锥形平顶土台演变而来的,其下为地宫。十三陵的地宫是 1956 年发掘定陵时发现的。

　　定陵始建于明万历十二年(1584 年),是万历帝朱翊钧的陵墓,是十三陵中仅次于长陵和永陵的第三大陵墓。其地宫离地面有 27 米,总面积 1195 平方米,由前殿、中殿、后殿和左、右配殿 5 个殿堂组成,全部为石拱券结构。前殿与中殿由甬道相连,门三重,正殿最大跨度 9.1 米,高 9.5 米,配殿高度也在 7 米以上,除地面及隧道用砖砌外,其余全用石块砌成。除石门檐楣上雕刻花纹外,整个地宫朴素无华,它以高大宽敞的空间尺度和沉重坚实的质感形成了地宫特有的氛围。

四、江南私家园林

明中叶,农业与手工业有了很大的发展,一时造园之风兴起,皇家苑囿与私家园林共存,其中私家园林发展最盛。北方以北京为中心(以皇家苑囿为主);江南以苏州、南京、扬州及太湖一带为中心;岭南则以广州为中心。其中以江南园林最多。明代造园有自己独特的风格。在总体布局上,运用对比、衬托、尺度、借景等方法,达到小中见大、以少胜多的效果,在有限的空间内获得丰富的景色。在叠山方面,以奇峰险洞取胜;在水面处理方面,有主有次,有收有分;在建筑上,以密度大、类型多、造型丰富优雅见长;在绿化布置上,依景所需,随意栽植;在重点花木上,以单株欣赏为主。江南私家园林又以苏州园林最具代表性,较具特色的有拙政园、留园。

(一)拙政园

拙政园位于苏州城内东北,始建于明正德年间,是我国江南古典园林的代表之一(见图6-23)。

图 6-23　拙政园

现全园面积约4公顷,分为东区、中区、西区3个部分,其中中区最大,也是景点最集中的区域。拙政园主要特点是以水面为主,约占全园面积的1/3,临水建有不同形体、高低错落、具有江南水乡特色的建筑物。其中远香堂是中部主体建筑,周围环绕几组庭院建筑:花厅玉兰堂、小沧浪水院、枇杷园、海棠春坞、见山楼与柳荫路曲长廊等。远香堂造型精致,单檐歇山顶,整个厅堂没有一根柱子,坐在厅堂内,水池四周的景色尽收眼底。西区总体布局也是以水面为主,水面呈曲尺形,建筑集中在南岸靠住宅一侧,以鸳鸯厅卅六鸳鸯馆为主体,平面为方形,四隅各建耳室一间,中间用桶扇与挂落分为南北两部。厅东叠一假山,山上建宜两亭,宜两亭与倒影楼用长廊相接,此廊构筑别致,凌水若波,故称之为波形廊。倒影楼造型匀称,与宜两亭互为对景,为拙政园西部景色最佳处。东区多为新建,布置大片草地和茶室,遍植绿树,以满足休息游览和文化活动的需要。拙政园在园林设计上达到了"虽由人作,宛白天开"的程度,被誉为中国园林史上的瑰宝。

　　留园建于明嘉靖年间,园内列置奇石十二峰,为当时的名园之一(见图6-24)。全园面积约3.3公顷,园中有小桥、长廊、漏窗、隔墙、湖石、假山、池水、溪流、亭台楼阁等。留园在平面布局上,大致分为4部分,中部为全园精华所在,东、北、西部为清光绪年间增建。中部又分为东西两区,西区以山池为主,东区以建筑庭院为主,两者各具特色。西区西、北两面为山,中央为池,东、南为建筑,假山为土筑,叠石以黄石为主,为池岸蹬道。北山以可亭为构图中心,西山正中为闻木樨香轩,池水东南成湾,临水有绿荫轩,池东以小岛(小蓬莱)和平桥划出一小片水面,与东侧的濠濮亭、清风池馆组成一个小的景区,池东曲路一带重楼叠出,池南有涵碧山房、明瑟楼、绿荫轩等建筑,白墙灰瓦配以栗色门窗装修,色调温和雅致,被誉为江南园林建筑的代表之一。

图6-24　留园

　　东部主厅为五峰仙馆,梁柱用楠木,又名楠木厅,宽敞精丽,是苏州园林厅堂的典型。庭院内叠湖石假山,是苏州园林中假山规模最大的一处,厅东两处小庭院为揖峰轩及还我读书处,幽静偏僻。自揖峰轩东去,是一组围绕冠云峰的建筑群,冠云峰在苏州各园湖石峰中为最高。旁有杂云、岫云两峰为伴,此组石峰的观赏点是池南的鸳鸯厅——林泉耆硕之馆。厅南原为戏台,已废弃。峰之北面以冠云楼为屏障,远借虎丘之景,峰之东西两侧为曲廊,有贮云庵、冠云台等建筑。

西部之北为土阜,为全园最高处,各园之冠。无论是从园门入园,还是从鹤所入园,空间明暗、开合、大小、高低参差错落,形成节奏较强的空间联系,衬托了各庭院的特色。

纵观全园,留园最大的特点是建筑数量多,且厅堂建筑在苏州诸园中规模最为宏大华丽,留园中的花窗也极富特色,式样有 20 种,这也充分体现了古代建筑和造园匠师的高超技艺。

第三节　清代建筑

1644 年,满族贵族夺取明末农民起义的胜利果实,建立了清朝。为巩固其统治,清初采取了一系列恢复生产、稳定封建经济的积极措施,但对手工业和商业采取压制政策,如限制商业流通、禁止对外贸易等,使自明代发展起来的资本主义萌芽受到抑制。直至乾隆时期,农业、手工业、商业达到了鼎盛。清朝基本沿袭了明代的政治体制和文化生活,在建筑上也是一脉相承,没有明显差别。清代建筑艺术发展的划时代成就主要表现在造园艺术方面。在 200 余年间,清代帝王在北京西郊兴建了圆明园、清漪园、静明园等一大批园林,在明代西苑基础上扩建了三海(北海、中海和南海),在承德兴建了避暑山庄,到乾隆时达到了一个造园高潮。喇嘛教建筑在这时期逐渐兴盛,如西藏的哲蚌寺、青海的塔尔寺、甘肃的拉卜楞寺等。顺治二年(1645 年)起在西藏依山而建布达拉宫,共 9 层,雄伟峭拔,显示出高超的创造才能。在建筑艺术上,一些简单机械,如刨子、千斤顶得到应用,清工部颁布的《工程做法则例》统一了官式建筑的规模和用料标准,简化了构造方法。这时期工艺美术对建筑装饰产生了深刻的影响,镏金、贴金、镶嵌、雕刻、丝织、磨漆,配以传统彩画、琉璃、装裱、粉刷,使建筑更加丰富、绮丽。

一、皇家园林

皇家园林是以园林为主的皇家离宫,因此,除了供游憩的景点外,还包括举行朝贺和处理政务的宫殿、居住建筑及若干庙宇等,这就决定了皇家园林既要有一般园林灵活、自然的特色,又要有富丽和庄重的气概。清皇家园林是在明代基础上加以扩建和发展的,主要包括扩建明西苑,在北京西郊兴建圆明园、长春园、万春园、静明园、静宜园、清漪园(后重建改名为颐和园),京城以外最大的行宫是承德避暑山庄。清代皇家园林一般分为两部分:一部分是居住和朝见的宫室,位于前部;另一部分是游乐的园林,处在后部。根据地形,将全园划分成若干景区,宫殿部分集中于平坦地带,自成一区,其他景区根据内容和景物划分成不同的风景点。与私家园林相比,皇家园林最大的不同点在于其宫室建筑由于所处的政治地位不同,要求宫室建筑具有庄重、严肃的特点。其他部分则和私家园林布置大体相近,讲究灵活、随意、亲切、自然,建筑式样多变,体量小巧,和山水、花木、地形结合紧密。但在山石处理上,皇家园林采用山中叠山,真水与假山相结合的手法,这是与私家园林另一不同之处。皇家园林较私家园林更显得堂皇而壮丽,常将尺度与体量较大的庙宇作为构图中心或重要风景节点。清皇家园林中最具代表性的要数颐和园和清三海。

(一)颐和园

颐和园位于北京西郊。它的前身为清漪园,后经两次毁坏,于1905年着手重修,遂成今日之观。全园面积约340公顷,水面占3/4。从总的空间布局来看,它以高耸的万寿山和广阔的昆明湖为主要风景。全园大致分为4部分。

第一部分是东宫门和万寿山东部的朝廷宫室部分,地势平坦,建筑严谨,属宫廷禁地。主要建筑有东宫门仁寿殿、德和园戏楼及乐寿堂寝宫等。其中,德和园戏楼宽敞高大,是我国古代现存最大的戏楼(见图6-25)。

图6-25　德和园戏楼

居住建筑未用琉璃瓦，体量也不大，庭院气息较浓厚。建筑东北有一水院为谐趣园，仿无锡寄畅园，自然小巧，为颐和园中最秀丽的一处风景。

第二部分为万寿山前山部分，它包括中部排云殿、山顶的佛香阁及两侧的转轮藏、宝云阁、画中游等建筑，还有沿湖长达700米的长廊。这一部分为全园的重心所在，排云殿和佛香阁则为全园的主体建筑。排云殿是举行典礼和礼拜神佛之所，是园中最堂皇的殿宇（见图6-26）。佛香阁高38米，4层8角形平面，建于高大的石台上，为全园的制高点，它和下面的排云殿共同构成万寿山的轴线。这里复道回廊，白栏玉瓦，金碧辉煌，充分体现了皇家园林建筑的豪华风格。

图 6-26 排云殿

第三部分是万寿山后山和后湖部分，这里林木茂盛，环境幽雅，溪流曲折而狭长，和前山殿堂廊阁形成鲜明对照，后湖两岸布列藏式喇嘛庙以及模仿苏州的临水街道。

第四部分为昆明湖的南湖和西湖部分，这里主要是水面，一条长堤将昆明湖分为东西两部分，东湖中立龙王庙，与东堤以十七孔桥相连；西湖有两处小岛，水面之大，浩淼开阔，湖中建筑隔水与万寿山相望，形成对景。颐和园在环境创造方面，利用万寿山的地形，以前山开阔的湖面和后山幽深的曲溪，形成强烈的环境对比；在建筑布局和体量上，创造出一种和谐统一的效果，前山中轴线上的建筑群采用明显的对称布局，其他广大空间则多灵活布置。佛香阁、十七孔桥体形硕大，其他建筑体量较小。同时，颐和园采用了较多的官式做法，与一般私家园林不同，通过巧妙地利用自然景物，创造出一种富丽堂皇而富于变化的艺术风格，集中体现了皇家园林的特点。

（二）清三海

清三海位于北京中心地区，历经金、元、明3个朝代，至清又加以扩建，清三海距宫城较近，是皇帝游憩、居住、处理政务的重要场所。三海分为中海、南海、北海3处，其中中海、南海水面稍小，建筑规模也不大，北海则为三海中风景最胜的一处。同时，北海也是皇家园林中现存最完整的一处，占地面积达70公顷，其中水面占38公顷。北海布局以池岛为中心，四周环池建有多处建筑，琼华岛居于全园构图中心，高32.8米，周长913米，以土堆成。琼华岛北坡叠石成洞，山顶建有白塔一座，高35.9米，全部用砖石和木料建造（元、明时为广寒殿），建于清顺治八年（1651年），为瓶形。琼华岛上有许多各具特色的建筑，如正觉殿、悦心殿、漪澜堂、庆宵楼等。在岛的北面建有长廊，长廊外绕白石栏杆，长达300米，隔岸相望，甚为壮观。岛的南坡隔水为团城，是一座近似圆形的城台，墙高约4.6米，占地4553平方米，上建承光殿，重檐歇山顶，黄瓦绿剪边，飞檐翘角，此种造型在我国古代建筑中很少见。团城与琼华岛间以一座曲折的拱桥相连。北海东岸与北岸布列许多建筑，有濠濮涧、画舫斋、静心斋3组封闭景区及大小西天、阐福寺、西天梵境等宗教建筑，还有九龙壁与五龙亭。其中，静心斋的布置在几组建筑中最为精巧清秀，其地形极不规则，堂亭廊阁，棋布其间，环境幽雅，有"北海公园里的公园"之美誉（见图6-27）。

图 6-27　北海静心斋

二、清代的住宅

　　清代的住宅建筑在原有基础上有了很大的发展,住宅的类型、样式繁多,有西北与华北黄土地区的窑洞住宅、北京四合院住宅、长江下游院落式住宅、闽南土楼住宅、云南"一颗印"住宅、西南的干阑式住宅、云南与东北森林地区的井干式住宅、维吾尔住宅、藏式碉式住宅、蒙古包等,但最能反映清代住宅特点、最具代表性的是北京四合院住宅(见图 6-28)。

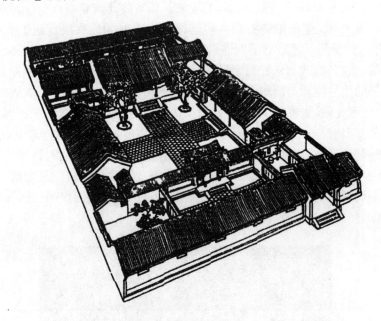

图 6-28　北京四合院

　　早在商代甲骨文中就已有四合院建筑的踪迹,到清代已形成一套成熟的布局方式。传统的四合院以南北为中轴线,宅院大门一般多设在东南角,门前设一影壁,如屏风,入大门,迎面仍为影壁,清水砌水磨砖,加以线脚修饰。入门折西为前院,其南侧房子称倒座,作门房、书塾、客房或男仆居住用。北部轴线上做成华丽的垂花门,造型华美,为全宅醒目之处。门内为四合院的主体,北为正房,两边附有耳房,东西两面为厢房,正房供长辈居住,厢房是晚辈的住处,周围用走廊连接,为全宅核心部分。正房后面设一排罩房,布置厨房、厕所、储藏室、仆役住宅等。大型住宅在二门内,以两进或两进以上的四合院向纵深方向排列,有的在左右还建有别园和花园。住宅周围均由各座房屋的后墙或围墙封闭起来,一般不对外开窗,使住宅成为整体,在院内常栽植花木或盆景,环境显得十分幽静和舒适。四合院在结构上有许多特点,如在梁柱式木构架的外围一般砌有砖墙,屋顶以硬山样式居多,次要房屋用单坡或平顶,墙壁和屋顶较厚,室内设炕床取暖,内外地面铺方砖,室内用罩、博古架、槅扇等分间,顶棚用纸裱或用天花顶格。在色彩上,除贵族府第外,一般住宅不得使用琉璃瓦、朱红门墙和金色装饰,墙面和屋顶只允许用青灰色,或在大门、中门、上房、走廊处加简单彩画,影壁、墀头、屋脊等略加砖雕。所以,北京四合院整体上比较朴素、淡雅,有良好的艺术效果。

长江下游江南地区的住宅,较北京四合院建筑有自己的特色。它以封闭式院落为单位沿纵轴布置,方向不像北京四合院规定的必须正南正北那样严格。其中,大型住宅在中轴线上建门厅、轿厅、大厅及正房,在左右轴线上布置客厅、书房、次要住房、厨房、杂屋等,形成中、左、右3组纵向布列的院落组群。住宅外围包绕高大的院墙,其上开漏窗,利于通风。客厅和书房前凿池叠石,栽植花木,形成幽静、舒适的庭院。现存的杭州吴宅是这个地区的典型住宅之一。江南住宅在结构上采用穿斗式木构架,或穿斗式与抬梁式的混合结构,外围砌较薄的空斗墙,屋顶也较北方住宅更薄,厅堂内部也用罩、屏门、槅扇等分隔。梁架与装修不施彩绘,仅加少数雕刻,住宅外部木构部分用褐、黑、绿等色,与灰瓦、白墙相结合,色调素雅明净、和谐统一。

三、清代的官式建筑

在清代木结构建筑中,官式建筑占有很重要的位置,而大木作在官式建筑中起到极其重要的作用,它是我国木构架建筑的主要承重构件,由柱、梁、枋、斗棋等组成,是木构建筑形体和比例尺度的决定因素。大木作又分为大木大式和大木小式两种,大木大式为宫殿、庙宇用,大木小式为一般民居及次要房屋用。木构建筑正面两檐柱间的水平距离称面阔(又叫开间),各面阔宽度的总和称通面阔。建筑开间为11以下的奇数间(12以上有奇数又有偶数),故宫太和殿为11开间。建筑正中一间称明间(宋称当心间),左右两侧称次间,再外称梢间,最外称尽间。屋架檩与檩中心线间距离称步,各步距离总和称通进深。若有斗棋,则按前后挑檐中心线间水平距离计算出通进深,清代建筑各步距离相等(宋代建筑各步距离也有不等)。

斗棋是木构架建筑中的重要构件,由方形的斗、矩形的棋、斜的昂组成(见图6-29)。

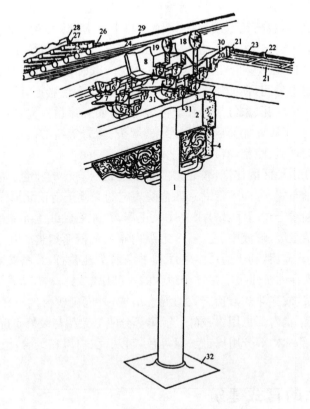

图 6-29 斗栱

1—檐柱;2—额枋;3—平板枋;4—雀替;5—坐斗;6—翘;7—昂;8 挑尖梁头;9—蚂蚱头;
10—正心瓜栱;11—正心万栱;12—外拽瓜栱;13—外拽万栱;14—里拽瓜栱;
15—里拽万栱;16—外拽厢栱;17—里拽厢栱;18—正心桁;19—挑檐桁;
20—井口枋;21—贴梁;22—支条;23—天花板;24—檐椽;25—飞椽;26—里口木;
27—连檐;28—瓦口;29—望板;30—盖斗板;31—栱垫板;32—柱础

　　斗栱一方面承重,另一方面起装饰作用。斗栱在官式建筑中分为外檐斗栱和内檐斗栱两大类,详细的又分为柱头科(宋称柱头铺作)、平身科(宋称补间铺作)、角科(宋称转角铺作)等,还有平坐科和支承在檩坊间的斗栱等。科指一组斗栱,即一攒(宋称一朵)。斗栱中最下部的构件叫坐斗(宋称栌斗),坐斗正面的槽口叫斗口,在大木大式建筑中用斗口宽度作尺度计量标准。斗口按建筑等级分为 11 等,用于大殿的斗口一般为 5 等或 6 等。栱是置于坐斗内或跳头上的短横木,向内外出跳的栱叫作翘。昂是斗栱中斜置的构件,起杠杆作用,有上昂、下昂之分,一般下昂使用居多,上昂仅用于室内。翘或昂自坐斗出跳的跳数,称为踩(宋称铺作),一般建筑(牌楼除外)不超过九踩(七铺作)。斗栱经历了一段漫长的时期,至清代斗栱架构机能发生了明显的变化。梁外端做成巨大的耍头,伸出斗栱外侧,直接承托挑檐檩,梁下的昂失去了原来的架构机能,补间平身科的昂多数不延至后侧,成为纯装饰性构件。斗栱比例较以前大大缩小了,排列密集,内檐斗栱减少,梁身直接置于柱上或插入柱内。

柱可分为内柱和外柱两大类,按其结构又分为檐柱、金柱、中柱、山柱等。清代檐柱、金柱、中柱等断面大多为圆形,体直,只在上端做小圆卷杀。其柱径与柱高间的比例较以前有较大变化,一般由大到小,至清代为 $1/11\sim1/10$。檐柱发展到清代已无侧脚和升起。柱的上端和下端都做凸榫,上端称馒头榫,插入坐斗(若为平板枋则不同),下端称管脚榫,插入柱础。明清以前的"移柱法""减柱法"至清代已不再使用。

枋分为额枋、平板枋、雀替3种。额枋(宋称阑额)是柱子上端联系与承重的构件,有时两根叠用,上面叫大额枋,下面叫小额枋(宋称由额),二者间用垫板(宋称由额垫板),使用于内柱间的叫内额,位于柱脚处的称地栿。清额枋断面近于 $1:1$ (宋阑额断面为 $3:2$),出头多用霸王拳。平板枋又称坐斗枋(宋称普拍枋),位于额枋之上,起承拖斗栱的作用,其宽度较额枋窄。平板枋与大额枋间用暗销加固,转角出头,与霸王拳平齐。雀替是置于梁枋下与柱相交处的短木,缩短了梁枋的净跨距离。

梁可分为单步梁、双步梁(宋称乳栿)、三架梁(平梁)、五架梁(四椽栿)、角梁(阳马)、顺梁、扒梁等。梁的名称按其上所承的檩数来命名(宋按其所承椽数来定)。梁据其外观可分为直梁和月梁,其断面近于方形,高宽比为 $5:4$ (宋高宽比为 $3:2$),梁头多用卷云或挑尖。角梁分老角梁和仔角梁,老角梁高宽比约为 $4:3$,仔角梁置于老角梁上,用暗销结合,宽度同老角梁。

檩按其位置分为脊檩、上金檩、中金檩、下金檩、正心檩、挑檐檩等,一般檩径等于檐柱径,同时,脊檩、金檩、正心檩均相等,挑檐檩直径较小。

椽垂直于檩上,直接承受屋面的荷载,按部位分为飞檐椽(宋称飞子)、檐椽、花架椽、脑椽、顶椽等,断面有矩形、圆形、荷包形等。飞檐椽断面为方形,椽在屋角近角梁处的排列方式有平行和放射两种,清代以后者为主,即自金檩中线向角梁呈放射形排列,逐渐升高到与老角梁上皮平齐,同时将飞檐椽做成折线形,在挑檐檩和正心檩上放枕头木,使角部屋面缓曲抬起,这部分檐椽称为翼角翘飞椽。椽径尺寸随建筑的大小而定,而椽头上的卷杀在清代已极少使用。

清代屋顶的形式在原有基础上加以发展(见图 6-30)。其处理手法主要有推山、收山、挑山等。推山是庑殿顶(宋称四阿顶)建筑处理屋顶的一种特殊手法,即将正脊向两端推出,四条垂脊由 45°斜直线变为柔和曲线,使屋顶正面和山面的坡度与步架距离不一致。收山是将歇山建筑(宋称九脊殿)屋顶两侧山花自山面檐柱中线向内收进的做法,虽使屋顶不致过大,但引起了结构上的变化,增加了顺梁或扒梁和采步金梁架等,收山收进的距离依立面要求和山面结构而定。

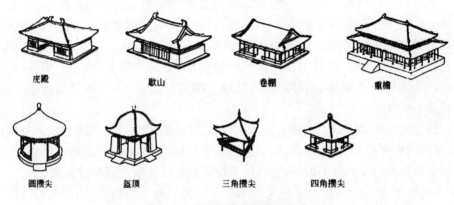

图 6-30　清代主要建筑屋顶形式

四、木结构的特征与详部演变

中国木构建筑在长期的历史发展过程中,形成了一套完善的建筑体系,在材料选用、平面处理、结构发展及艺术造型上有着独特的风格。中国古代木结构有抬梁、穿斗、井干 3 种不同的结构方式,抬梁在三者中居首位,使用范围最广。抬梁是在基础上立柱,柱上架梁,梁上放短柱,其上再置梁,梁的两端并承檩,最上层梁上立脊瓜柱以承脊檩(见图 6-31)。其优点是室内少柱或无柱,缺点是柱、梁等耗费材料较多。这种木构建筑在北方应用较广。

穿斗式又称为立贴式,是用落地柱(柱距窄、柱径细)与短柱直接承檩,柱间不施梁而用若干穿枋联系,并以挑枋承托出檐(见图 6-32)。其优点是用料较少,山面抗风性能好,缺点是室内柱密而空间不够开阔,在南方应用十分普遍。

井干式是将圆木或半圆木两端开凹榫,组合成一个矩形木框,层层累叠形成墙体。井干式木构建筑的缺点是耗材量大,外观厚重,且面阔、进深受到木材长度的限制,仅在木材丰盛的地区较多见。

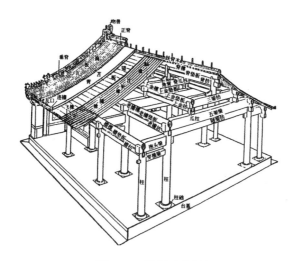

图 6-31 抬梁式木构架

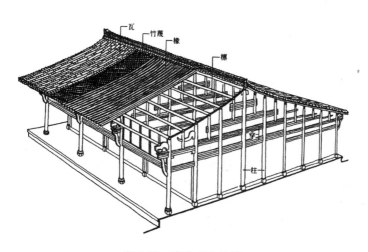

图 6-32 穿斗式木构架

　　木构建筑在结构上基本采用简支梁和轴心受压柱的形式,局部使用了悬臂出挑和斜向支撑,同时还采用了斗栱。在构造上,各节点使用了榫卯,在设计和施工上实行类似近代建筑模数制(宋用"材",清用"斗口"作为标准)和构件的定型化。北宋的《营造法式》和清代的《工程做法则例》,都是当时的官式建筑在设计、施工、备料等各方面的规范和经验总结。

　　大木作在清官式建筑中已做详尽介绍。装修(宋称小木作)分为外檐装修和内檐装修,外檐装修指在室外,如檐下的挂落、走廊的栏杆和外部门窗,内檐装修指在室内,如隔断、天花、罩、藻井等。

　　门分为版门、槅扇门和罩。版门用于城门、宫殿、衙署、庙宇、住宅的大门等,一般为两扇。版门又可分为棋盘版门和镜面版门。槅扇门(宋称格子门),在唐代以后出现,宋、辽、金广泛使用,明、清更加普遍,一般用作建筑的外门或内部隔断,每间可用4、6、8扇。罩多用于室内,主要起隔断作用和装饰作用。

　　窗在唐以前以直棂窗为主,固定不能开启,从宋代起开关窗增多,且在类型和外观上均有很大发展。从明代起,重要建筑中已用槛窗,槛窗置于殿堂两侧的槛墙上,由格子门演变而来。漏窗应用于住宅、园林中,窗孔形状有方、圆、扇形等各种形式。

　　顶棚,一般常在重要建筑梁下做成天花枋,组成木框,一种在框内放置密而小的小方格,另一种在木框间设较大的木板,在木板上做彩画或贴彩色图案的纸,一般民居用竹、高粱秆做框架,然后糊纸。藻井用在最尊贵建筑里的顶棚上最尊贵的地方,即顶棚向上凹进如穹窿状的东西,一般用在殿堂明间的正中,如帝王宝座顶上或神佛像座之上,形式有方、圆、八角等。

　　室内家具及陈设的进展反映了社会的进展。六朝以前人们多"席地而坐",家具较低矮;五代以后"垂足而坐"成为主流,日常使用的家具有床、桌、椅、凳、几、案、柜、屏风等;明代家具在原基础上继续发展,榫卯细致准确,造型简洁而无过多的修饰;清代家具注意装饰,线脚较多,外观华丽而繁琐。室内陈设以悬挂在墙面或柱面的字画为多,有装裱成轴的纸绢书画,也有刻在竹木版上的图文。

　　建筑色彩基本源于建材的原始本色,随着制陶、冶炼和纺织等行业的发展,人们认识并使用了若干来自矿物和植物的颜料,这样就产生了后天的色彩。周代规定青、赤、黄、白、黑五色为正色;汉除上述单色外,在建筑中运用几种色彩相互对比或穿插的形式;北魏时在壁画中使用了"晕";宋代在其基础上继续发展,规定晕分三层,到明、清时又简化为两层。

　　室内装饰包括粉刷、油漆、彩画、壁画、雕刻、泥塑及利用建筑材料和构件本身色彩和状态的变化等。粉刷最初用来堵塞墙体或地面的缝隙,并作为护面层,使壁、地面光洁平整,以消除或减少毛细现象,并改进了室内采光。在墙体大量使用后,壁体表面仍用粉刷,室外主要是为了外观,室内是为了清洁和改善采光,对墙体的保护为次要目的。壁画在商代已有记载;汉、晋时实物见于墓中,一般以墨线勾出轮廓,再涂以颜色;唐代壁画得到迅速发展;明代后,壁画渐少,艺术水平有所下降。我国石窟中的壁画也占有很大比例。雕刻依形式有浮雕和实体雕,材料有砖、石、木等。古代建筑石刻现遗留下来的以汉代为最早,宋代对石料加工分六道工序,清代分四道工序。砖刻常见于牌坊、门楼、墙头、照壁、门头、栏杆、须弥座或墓中,最早的砖刻实例见于汉代墓中的画像砖。

第七章　近现代中国建筑的发展

自 1840 年鸦片战争开始,中国沦为半殖民地半封建社会,中国建筑便进入了中西结合、新旧更替的过渡时期,既交织着中西文化的碰撞,也经历了近现代的历史搭接。而 1949 年新中国成立后,经历了自律时期和开放时期的中国建筑得到了蓬勃发展。本章研究的内容包括近代中国建筑的发展历程与历史地位以及现代中国建筑的发展历程与建筑类型。

第一节　近代中国建筑的发展历程 与历史地位

一、近代中国建筑的发展历程

自 1840 年鸦片战争开始,中国沦为半殖民地半封建社会,建筑的发展也在此期间转入了近代时期,前后大致可分为 4 个发展阶段。

(一)19 世纪中叶至 19 世纪末

19 世纪中叶至 19 世纪末,是中国近代建筑活动的早期阶段,通过西方近代建筑的被动输入和主动引进,酝酿着近代中国的新建筑体系。鸦片战争后,清政府被迫签订了一系列不平等条约。1842 年,开放了广州、厦门、福州、宁波、上海 5 个通商口岸,到 1894 年甲午战争前,开放的商埠达 24 处。这些商埠有的设立了外国人居留地,准许外国人租地盖房,建造洋行、栈房,进行商业贸易;有的开辟了租界,外国人攫取了领事裁判、土地承租、行政管理、关税、传教、驻军等特权,在租界内开展商业、外贸、金融、工业、运输、房地产和市政建设等活动,租界充当了资本主义列强侵华的据点,也成了中国国土上的西方文化"飞地",带来了资本主义的生产方式和物质文明。

19 世纪 60 年代,清政府洋务派开始创办军事工业,到 19 世纪 70 年代陆续开办了一批官商合办和官督商办的民用工业。1872—1894 年,中国私营资本也创办了一百多个近代企业,商业资本由于通商口岸的增加和出口贸易的兴起,也有一定程度的发展。

外国资本主义的渗入和中国资本主义的发展,引起了中国社会各方面的变化。但这个时期的建筑活动很少,是中国近代建筑发展的早期阶段。由于广大人民的极端贫困化,使得劳动人民的居住条件非常恶劣,因此民居建筑的发展受到很大限制。北京圆明园、颐和园的重建与河北地区最后几座皇陵的修建,成了封建皇家建筑的最后一批工程。

城市的发展变化主要表现在通商口岸,在租界内形成了不少新区域,出现了早期的教堂、领事馆、洋行、银行、饭店、俱乐部及独立式住宅等新建筑。建筑形式大部分都是资本主义各国在其他殖民地国家所用的同类建筑的"翻版",多数是一二层楼的"卷廊式"和欧洲的古典式建筑。这类建筑采用砖木混合结构,用材没有较大变化,但是结构方式则比传统的木构架前进了一步。

(二)19 世纪末至 20 世纪 20 年代末

19 世纪末至 20 世纪 20 年代末,中国近代建筑的类型大大丰富,近代中国的新建筑体系基本形成。19 世纪 90 年代前后,各主要资本主义国家先后进入了帝国主义阶段,中国被纳入世界市场范围,列强竞相加强对中国的资本输出。1895 年签订《马关条约》,中国解除机器进口的禁令,允许外国人在中国就地设厂从事工业品制造。由此,外国资本得以合法进入中国,外资工业迅速增多,在许多工业部门占据垄断地位。外国金融渗透力量也大大加强。1895 年前,在中国设立的外国银行只有 8 家,加上分支机构也不过 16 个。而在 1895—1913 年,新设立了 13 家银行、85 个分支机构。修建铁路历来是西方国家开拓殖民地的重要手段,1895 年后迅速形成各国争夺中国铁路投资权的热潮。到 1911 年止,中国共修建铁路 9 618.1 公里,其中西方各国直接投资、间接投资修建的就近 9 000 公里,占总里程的 93.4%。

与此同时,通商口岸的数量大幅度上升。1895 年后,根据各项条约又新开口岸 53 处。中国政府为抵制被动开埠而开辟的"自行开放"口岸也逐渐达到了 35 处。上海、天津、汉口等租界城市都显著地扩大了租界占地或增添了租界数量。胶州湾、广州湾、旅大、九龙、威海等重要港湾被"租借",沙俄在中东铁路沿线、日本在南满铁路沿线相继圈占附属地,青岛、大连、哈尔滨、长春等租借地、附属地分别被德、俄、日先后占领。

甲午战争后,中国民族资本主义有了初步发展。在民主革命和"维新"潮流冲击下,清政府相继在 1901 年和 1906 年推行"新政"和"预备立宪",这些政治变革带动了新式衙署、学堂及咨议局等新式建筑的发展。在文化思想领域,"中学为体,西学为用"的主张在洋务派、改良派中盛极一时。激进的民主主义者在"五四"运动前夕领导新文化运动,提倡资产阶级民主,与当时"保存国粹""尊孔读经"的逆流相对抗,主张用近代自然科学向封建礼教发起激烈的挑战。甲午战争后有了初步发展的民族资本主义,在第一次世界大战期间进入了发展的"黄金时代",轻工业、商业、金融业都有一定的发展,水泥、玻璃、机制砖瓦等近代建筑材料的生产能力也有了初步的发展。国内开始兴办土木工程教育,建筑施工技术有较大提高,建筑工人队伍也有所壮大。虽然 1910 年后有少数留学回国的建筑师,但建筑设计仍为洋行所操纵。

这一时期的建筑活动十分活跃,陆续出现了许多新型建筑,如公共建筑中形成的行政、金融、商业、交通、教育、娱乐等基本类型,城市的居住建筑方面也由于人口的集中和房产地产的商品化,导致里弄住宅数量显著增加,并由上海扩展到其他商埠城市。在这些建筑活动中,开始修建多层大楼,出现了钢结构,并初步采用钢筋混凝土结构。建筑形式仍主要保持着欧洲古典式和折中主义的面貌,仅少数建筑闪现出新艺术运动等新潮样式。一批"中国式"的新建筑出现在外国建筑师设计的教堂和教会学校建筑中,成为近代中国传统建筑复兴的先声。

(三)20 世纪 20 年代末至 30 年代末

20 世纪 20 年代末至 30 年代末,近代建筑体系的发展进入繁盛期。1927 年南京国民政府成立,结束了中国军阀混战的局面,至 1937 年抗日战争爆发,迎来了10 年经济相对稳定发展的局面,使得中国的城市和建筑近代化发展获得了一个相对安定有序的发展时期。国民政府定都南京后,以南京为政治中心,以上海为经济中心,展开了一批行政办公、文化体育和居住建筑的建设活动。在这批官方建筑活动中,渗透了中国本位的文化方针,明确规定公署和公共建筑物要采用"中国固有形式",促使中国建筑师集中地进行了一批"传统复兴"式建筑的设计探索。这个时

期是中国近代建筑最主要的活动时期,中国建筑得到了比较全面的发展,主要体现在以下方面:

(1)中国开始有了自己的建筑事务所。1921年留美归国的建筑师吕彦直独立创办了由中国建筑师开设的首家建筑事务所——彦记建筑事务所,之后又陆续开办了数家以中国建筑师为主的建筑事务所。

(2)建筑产业的规模越来越大,施工技术显著提高,建筑设备水平也得到相应发展。广州、天津、汉口以及东北的一些城市,陆续建造了八九层的建筑,尤其是上海出现了28座10层以上的建筑,最高的达到了24层。

(3)中央大学、东北大学、北平大学艺术学院相继开办建筑系,国内的建筑教育有了初步的发展。中国营造学社于1930年成立,并随后出版了《中国营造学社汇刊》,形成了建筑创作、建筑教育及建筑学术活动等方面高度活跃的局面。

总的说来,从20世纪20年代末至30年代末,这10年是中国近代建筑发展的鼎盛阶段,也是中国建筑师成长最活跃的时期。刚刚登上设计舞台的中国建筑师,一方面探索着西方建筑与中国固有建筑形式的结合,试图在中西建筑文化的碰撞中寻找合宜的融合点;另一方面又面临着走向现代主义建筑的时代挑战,需要紧步跟上先进的建筑潮流。可惜的是,这个活跃期十分短促,到1937年"七七"事变爆发就中断了。

(四)20世纪30年代末至40年代末

20世纪30年代末至40年代末,由于持续的战争状态,中国的近代化进程趋于停滞。1937—1949年,中国陷入了持续12年的战争状态,建筑活动很少,基本上处于停滞状态。抗日战争期间,国民党政治中心转移到西南,全国实行战时经济统制,一部分沿海城市的工业向内地迁移,四川、云南、湖南、广西、陕西、甘肃等内地省份的工业有了一些发展,近代建筑活动也开始扩展到内地城市的偏僻县镇,但建筑规模不大,一般多是临时性工程。

20世纪40年代后半期,欧美各国进入战后恢复时期,现代主义建筑活动普遍活跃,发展很快。受到西方建筑书刊的传播和少数留学回国建筑师的影响,中国建筑界加深了对现代主义建筑的认识。继圣约翰大学建筑系于1942年实施包豪斯教学体系之后,梁思成于1947年在清华大学营建系实施"体形环境设计"的教学体系,为中国的现代建筑教育播撒了种子。只是,在国内的战争环境下,建筑业极为萧条,现代建筑的实践机会很少。总的说来,这是近代中国建筑发展的一段停滞期。

二、近代中国建筑的历史地位

(一)近代化

从 1840 年鸦片战争开始,中国进入半殖民地半封建社会,中国建筑转入近代时期,开始了近代化的进程。

近代化是现代化的序曲,是步入现代转型期的初始阶段。美国比较现代化学者布莱克曾经指出,人类历史上有 3 次伟大的革命性转变:第一次大转变是原始生命经过亿万年的进化出现了人类;第二次大转变是人类从原始状态进入文明社会;第三次大转变则是世界不同的地域、不同的民族和不同的国家从农业文明或游牧文明,逐渐过渡到工业文明。这里所说的第三次大转变,实际上就是以近代化为起点的世界现代化进程。这个"现代转型"被提到与人类的出现与文明社会的出现并列的高度,可见这个转变的意义十分重大。我们研究近代中国建筑,自然要先把它摆到这个历史大背景的高度来考察。

从世界现代化进程的全局来看,近代化在不同地域、民族、国家的起步时间是不同的。英、美、法等国属于早发内生型现代化,早在 16—17 世纪就开始起步,现代化的最初启动因素都源自本社会内部,是其自身历史的绵延。德、俄、日及包括中国在内的发展中国家,属于后发外生型现代化,大多迟至 19 世纪才开始起步,最初的诱发和刺激因素主要源自外部世界的生存挑战和现代化的示范效应。因此,中国的近代史和世界的近代史是不同步的。1640 年,英国爆发资产阶级革命,世界近代史(1640—1917 年)就是以这一年为起点的,而中国近代史(1840—1949 年)则以鸦片战争为起点,比世界近代史的起始整整晚了 200 年。

因此,当中国建筑还处于近代发展时期时,世界史已经进入了近代后期和现代前期,中国社会进入由农业文明向工业文明过渡的转型期。这个转型期是一场极深刻的变革,是从自然经济占主导的农业社会向商品经济占主导的工业社会的演化,是彼此隔绝的静态乡村式社会向开放的、相互关联的动态城市式社会的转化,是从利用畜力、人力的有生命动力系统向无生命动力系统的转化,是手工操作向机器生产的转化。这个转型进程的主轴是工业化的进程,也交织着近代城市化和城市近代化的进程。显而易见,处在这种转型初始期的中国近代时期的建筑,应该突破长期封建社会枷锁下的迟缓发展状态,呈现出整体性的变革和全方位的转型。

　　但是,近代中国处于半殖民地半封建社会,中国近代化的进程是蹒跚的、扭曲的。中华帝国闭锁的国门是被资本主义列强用炮舰和鸦片冲开的,中国的开放是被动的开放,中国启动现代化的外来冲击要素是以侵略的方式诱发的。租界的设立、港湾租借地的出现、铁路附属地的圈占和大部分通商口岸的开辟,都是通过不平等条约来实施的。例如上海、天津、汉口等租界城市,青岛、大连等租借地城市,哈尔滨、沈阳等铁路附属地城市,以及其他一批沿海、沿长江、沿铁路干线的通商口岸城市,作为中国近代化的前沿和聚点,引发其城市转型、建筑转型的外来因素,很大程度上都和资本主义列强的殖民活动息息相关。这表明,在中国的近代化进程中伴随着殖民化。而迈入转型初始期的中国,自身又陷于国家四分五裂、政治衰败的局面,一直到 1949 年前,大部分时间都处于战争、内乱之中。现代转型需要安定、有序的环境,而中国的现代转型启动期却是在无序状态下蹒跚行进。

　　国门的开放使长江三角洲、珠江三角洲、环渤海地区和沿长江流域、沿铁路干线的城市相继受到外力推动,中国资本主义也相应地扎根到这里。近代商业、外贸业、金融业、外资工业、民族工业以及交通运输业、房地产业等,主要都集中在这些城市,使这些城市成为工业化、城市化的先行和近代化的中心。这些工业化、城市化、近代化集中点的转型速度可以说是比较快的,但是从中国全局来看,现代转型的整体进程却是十分缓慢的。一直到 20 世纪 30 年代中期,即中国近代化发展的高峰期,现代工业部门经济仅占全国经济总产值的 18.9%。停留于自然经济的农业仍然是国民经济的主要部门,在整个近代时期,中国始终未能在全国范围内形成能够推动农村转变的城市系统。庞大的农业部门没有产生技术上、体制上的变革。全国各地区的现代转型不仅存在时间上的差异,还存在层次上的差异。中国近代的城市与乡村、沿海与腹地形成了一种截然分明的二元化社会经济结构。

（二）近代中国建筑

　　近代中国建筑的发展深深地受制于这种二元社会经济结构的影响,导致发展的不平衡性,其最主要、最突出的体现,就是近代中国城市和建筑都没有取得全方位的转型,明显地呈现出新旧两大建筑体系并存的局面。

　　新建筑体系是与近代化、城市化相联系的建筑体系,是向工业文明转型的建筑体系。它的形成有两个途径:一是从"早发现代化"国家输入和引进的,二是从中国原有建筑改造和转型的。后一种途径在居住建筑、商业服务业建筑和早期工业建筑中都有所反映,但在新建筑体系中所占比重较小。近代中国的新体系建筑可以说基本上是通过前一种途径形成的。中国作为"后发现代化"国家,在新建筑体系的形成上明显地受惠于西方"早发现代化"国家的示范效应,明显地显现出引借先行成果的"后发优势"。一整套近代化所需的新建筑类型,很大程度上都是直接从资本主义各国便捷地输入和引进的。

到 20 世纪 20 至 30 年代,新建筑体系在建筑类型上已大体上形成了较齐全的近代公共建筑、近代居住建筑和近代工业建筑的常规品类。出现在上海的一些银行、饭店、公寓等高楼大厦和影剧院建筑,已经能够紧跟当时的世界潮流。天津、汉口、广州、青岛、大连、哈尔滨等城市的许多引进建筑,基本上也达到或接近当时引进国的水平。在新建筑活动中,运用了近代的新材料、新结构、新设备,掌握了近代施工技术和设备安装技术,形成了一套新技术体系和相应的施工队伍。通过出国留学和在国内开办建筑学科,培养了中国第一代、第二代建筑师,建立了中国的建筑师事务所。中国建筑突破了封建社会与西方建筑长期隔膜的状态,纳入了世界建筑潮流的影响圈,形成中西建筑文化的交汇。建筑业成为国民经济的重要行业,房地产的商品化和建筑业的法制化管理推进了建筑市场的形成和建筑制度的近代化。所有这些,构成了近代中国建筑在转型期中的主要进展。显而易见,新建筑体系是中国近代建筑发展的新事物,是近代中国建筑的活动的主流,也是中国近代建筑史研究的主要内涵。

旧建筑体系是原有的传统建筑体系的延续,仍属于与农业文明相联系的建筑体系。中国传统建筑持续不断地走完古代的全过程,到 1911 年清王朝覆灭,只是终止了官工系统的宫殿、坛庙、陵墓、苑囿、衙署的建筑活动,并没有终止民间的传统建筑活动。我们可以看到,在广大的农村、集镇、中小城市以至某些大城市的旧城区,遗存至今的民居和其他民间建筑,绝大部分都不是建于 19 世纪中叶前的古代建筑遗产,而是建于鸦片战争后,已处于中国近代时期的传统建筑遗产。这类建筑的建造数量很大,分布面很广,它们可能局部地运用了近代的材料、装饰,但并没有摆脱传统的技术体系和空间格局,基本上保持着因地制宜、因材致用的传统风格和乡土特色,它们仍然是地道的旧体系建筑,是推迟转型的传统乡土建筑。与近代中国的新建筑体系相比,它们仍是旧事物,当然不是近代中国建筑活动的主流。但是,作为建造于近代时期的传统乡土建筑遗产,它们的历史文化价值却是不容忽视的。这一大批推迟转型的乡土建筑,可以说是中国古代建筑体系延续到近代的活化石。它们中的典型群组以及有代表性的单体建筑,积淀着极为丰富的历史、文化、民族、地域、科学、情感内涵,与近代新建筑体系中的精品一样,是近代中国留下的一份珍贵的、应妥加保护的建筑遗产。

　　总的说来,处于现代转型初始期的近代中国建筑,是中国建筑发展史上一个承上启下、中西交汇、新旧接替的过渡时期。既有新城区、新建筑紧锣密鼓的快速转型,也有传统乡土建筑循序渐进的推迟转型;既交织着中西建筑的文化碰撞,也经历了近现代建筑的历史搭接。它所关联的时空关系是错综复杂的。大部分近代建筑遗留到现在,成为今天城市建筑的重要构成,并对当代中国的城市生活和建筑活动有很大影响。了解近代中国建筑的历史地位,认识在错综复杂的历史背景下中国建筑走向近代、现代的进程和特点,对于总结近代建筑的发展规律,继承近代建筑遗产,为当前我国建筑的现代化提供借鉴等,都有重要的理论意义和实际意义。

第二节　现代中国建筑的发展历程与建筑类型

一、现代中国建筑的发展历程

(一)自律时期

　　从 1949 年中华人民共和国成立到 1978 年底召开中国共产党第十一届三中全会前的自律时期可划分为 4 个阶段。

1. 百废初兴阶段

　　这个阶段是从 1949 年到 1952 年,也是国民经济恢复的时期。1951 年 3 月,国家通过颁发立法性文件开始对建筑工程进行管理,贯彻中央用 3 年恢复经济、10 年大规模经济建设的基本要求。1952 年 4 月,针对建设中偷工减料的问题,中共中央出台《"三反"后必须建立政府的建筑部门和建立国营公司的决定》,同年 5 月,十几家事务所合并成立了中央直属设计公司,1953 年改为中央人民政府建筑工程部设计院,各地各部门的设计单位也陆续成立。1952 年 8 月,在成立建筑工程部的会议上提出建筑设计的总方针:①适用;②坚固、安全;③经济的原则为主要内容;④建筑物又是一个时代文化的代表,必须不妨碍上面三个主要原则,要适当照顾外形的美观。上述这些原则孕育了后来的"适用、经济、在可能的条件下注意美观"的建筑设计方针,影响达半个世纪之久,尤其是作为指导原则影响了整个 30 年的自律时期。

2.复兴与探索阶段

三年国民经济恢复时期后,虽工农业总产值已达到历史最高水平,但总体水平仍然很低,现代工业在工农业生产总值中所占比重仅为 26.7%。1953 年 8 月公布的工业建设计划包含了 694 个大中型建设项目,其中包括苏联援建的 156 项重点工程中的 145 项。此后,开始了以国家计划、国家筹资、国家组织实施的半军事化的组织形式,将投资与建设转向第二产业,开始了由农业经济向工业、农业混合经济的转变。在 20 世纪 20 至 30 年代留学归国的中国第一代建筑师及他们培养起来的并在 20 世纪 40 年代已经参与设计工作的第二代建筑师,在 1952 年后都已经成为各级重要国营设计机构的主要建筑师,大量的建设任务及相关的历史背景既为他们提供了施展才华的巨大机遇,也设置了难以想象的却又是必然出现的巨大困难。

1953 年 9 月,中央指出,建筑工程部的基本任务是从事工业建设。此后不久,部辖各大区设计院均改名为工业设计院,将工作重心转移到工业建筑设计上。中央设计院组织技术人员到苏联援建的长春第一汽车制造厂工地学习苏联的设计程序与方法,开始承担并协助各地国家大型项目及中型项目的设计。

从 20 世纪 50 年代开始的自律时期,绝大部分建设活动都是通过社会工作国家化、半军事化,以战争期间形成的有力而有效的政府行为进行的,以国家的力量将高资本调动用于迅速增强国力的有关产业的建设。同时,建筑界着重强调建筑要符合当时我国国情和现实需要的设计原则,贯彻"民族的形式,社会主义的内容"为建筑设计的基本方向,从而掀起了一股民族特色形式设计的热潮。在北京陆续设计建造了友谊宾馆(见图 7-1)、三里河办公大楼(见图 7-2)、地安门宿舍(见图 7-3)、中央民族学院、亚澳学生疗养院等建筑。这些建筑基本上沿袭和仿照我国传统的木结构建筑设计手法,普遍将大屋顶作为建筑的主要特征,掀起了新中国建筑设计的复古主义潮流。

图 7-1　友谊宾馆

图 7-2　三里河办公大楼

图 7-3　地安门宿舍

　　与此同时，还设计修建了一批以传统细部装饰为特征的建筑，如北京首都剧场（见图 7-4）、建工部办公楼等。这一阶段也出现了北京和平宾馆（1951 年杨廷宝设计）、北京天文馆（1954 年张开济设计，见图 7-5）、广州中山医学院第一附属医院大楼（1955 年夏昌世设计）、北京电报大楼（1956 年林乐义设计，见图 7-6）等摆脱传统形式束缚，格调质朴、清新的出色建筑。

图 7-4　北京首都剧场

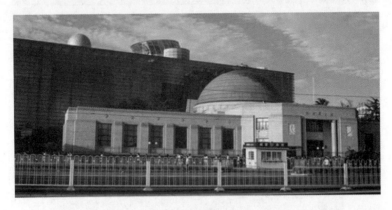

图 7-5　北京天文馆

图 7-6　北京电报大楼

3.再探索与挫折阶段

第三个阶段为 1958—1965 年,从"大跃进运动"到设计革命,这一时间段的中国充满了豪迈之情,充满了勇气,充满了上下求索的精神,虽然导致 1960 年后连续 3 年的后退,但仍未放弃这种探索。

1958 年 2 月,《建筑》杂志发表社论,反对保守,反对浪费,争取建筑事业上的"大跃进",各设计院纷纷现场搞设计。1958 年 5 月,中共八大二次会议通过"鼓足干劲,力争上游,多快好省地建设社会主义"的建设总路线,开始了高指标的追求,在加快发展农业的同时,限期各地地方工业产值超过农业产值。

基本建设的起落使设计人员既有忙不胜忙的时期,如 1958—1959 年北京和各地的一批国庆工程,也有 1960 年全部进入休闲期,大批设计人员被下放的另一段时期。

这一阶段为迎接国庆十周年而建造了人民大会堂(见图 7-7)、中国人民革命军事博物馆(见图 7-8)、中国历史博物馆(见图 7-9)、民族文化宫(见图 7-10)、中国美术馆(见图 7-11)、北京火车站(见图 7-12)和全国农业展览馆等十大建筑。

图 7-7　人民大会堂

图 7-8 中国人民革命军事博物馆

图 7-9 中国历史博物馆

图 7-10 民族文化宫

图 7-11　中国美术馆

图 7-12　北京火车站

在复古设计风格被批判之后,建筑界曾一度过分强调节约,几乎完全忽略了建筑的艺术问题,而国庆工程则激起了建筑界对中国现代建筑设计风格的新探索。1959 年 5 月,在上海召开了"住宅标准及建筑艺术问题座谈会",提出了"创造中国社会主义建筑新风格"的口号,主张在学习古今中外建筑精华的基础上,创造出我们自己的新风格、新形式,迎国庆建筑工程正是探索这种新风格的重大实践。所以在这些具有重要政治意义、文化意义、纪念意义和复杂功能要求的建筑设计中,为新的大体量、大空间、新结构建筑寻求民族风格做了多种形态的探索。与此同时,设计手法也有明显进步,但仍未超越近代复古式、折中式的范畴,没有摆脱我国和西方的传统结构和装饰手法的沿用与改造。这批建筑对各地大型公共建筑的设计有较大影响,并且一度成为各地建筑设计新风格的样板。

4.局部突破的阶段

这个时期为 1966—1978 年,全国进入"文化大革命"阶段,非生产性建设基本停止,建筑设计活动一度遭到冷落。

在这一时期,工程技术部分及相应的规范文化仍然因社会需要而存在。围绕着国防和战略布局的一系列建设,从氢弹、卫星到南京长江大桥,从宝成铁路、成昆铁路、葛洲坝工程到第二汽车制造厂等项目建设都在进行。另一方面,出于政治的考虑,一批援外工程、外事工程、窗口工程,如北京外交公寓、外国驻华使馆、广交会建筑、涉外宾馆、涉外机场等被要求限期完成。大量的建筑师被送到基层和边远地区,在某些项目中发挥了一定的技术作用,但对整体性、全局性的规划设计决策则无能为力。

然而,广州的建筑设计者在极其困难的条件下进行了少量的建筑活动,为出口商品贸易活动设计了一批宾馆、展览馆和剧院建筑,创造性地在现代建筑中有机融合了具有传统特色的庭院、园林设计形式,形成了引人注目的广州设计风格,在建筑设计风格的探索上迈出了创新的步伐。如广州白云宾馆(见图 7-13)、矿泉别墅、广州友谊剧院(见图 7-14)等都是以自然的、切合实际功能的平面布置,灵活通透的空间安排及明朗清新的造型格调体现了现代建筑的时代精神。广州设计风格的崛起,突破了长期以来通过中西传统构图体量和传统装饰元素来塑造民族形式的造型局限,开始了以现代设计方法创造具有民族意蕴的建筑空间环境的尝试。同时,在北京、杭州等地也出现了一些格调清新的建筑,如北京国际俱乐部(见图 7-15)、北京友谊商店、杭州机场候机楼等,它们和广州设计风格都标志着中国现代建筑设计风格发展的重要转折。

图 7-13　广州白云宾馆

图 7-14　广州友谊剧院

图 7-15　北京国际俱乐部

（二）开放时期

　　这个时期是从 1979 年至 1999 年。1978 年 12 月,中共十一届三中全会上通过了将党的工作重心转移到社会主义现代化建设上来,对内搞活经济、对外开放的方针。这次会议的一系列决定成为改革开放的重大标志。1979 年 7 月,在深圳、珠海、汕头和厦门试办经济特区,1988 年增设海南省为经济特区,1984 年开始开放沿海 14 个港口城市,先后批准建立 32 个国家级经济技术开发区和 53 个国家级高新技术产业开发区,安排重点项目 300 多个,总投资额达 3 100 亿元。到 1990 年,我国国民生产总值已达 18 598.4 亿元。更重要的是,一批关系到 20 世纪末战略目标和国计民生的瓶颈问题得到了解决。20 世纪 80 年代为中国的第三代、第四代及刚从校门走出来的第五代建筑师提供了空前良好的工作机会和全新的工作领域,同时也显露了一系列新的问题。

　　在这 20 年中,建筑业内部发生了脱胎换骨的变化,不仅仅施工项目的投资与管理已通过市场招标、承包贷款等制度实施,不同于计划经济时代,建筑设计的体制也在 20 世纪 80 年代实行企业化管理,20 世纪 90 年代发展集体所有制及民营的设计单位,并推行注册建筑师、注册工程师与注册规划师制度,推行了工程建设监理制度。尤其是房地产业从建筑业中分化出来,成为住宅等建筑活动的杠杆,物业管理也成为提高设计水平的重要因素。

改革开放使中国建筑走向了新的历史时期,解除了设计思维的禁锢,带来了域外建筑文化的交流与结合,设计实践的机会与规模大大增加,中国的建筑设计水平迅速提高,优秀的建筑作品不断涌现,如戴念慈设计的曲阜阙里宾舍和锦州辽沈战役纪念馆(见图7-16)、佘畯南与莫伯治合作设计的广州白天鹅宾馆(见图7-17)、以马国馨为首设计的国家奥林匹克体育中心、华东建筑设计院设计的上海东方明珠电视塔、齐康设计的南京侵华日军大屠杀遇难同胞纪念馆(见图7-18)等;同时,改革开放后,建筑设计领域向国外开放,外国建筑师纷纷抢滩登陆。中国建筑的多元化格局逐步呈现。

图7-16　锦州辽沈战役纪念馆

图7-17　广州白天鹅宾馆

图 7-18　南京侵华日军大屠杀遇难同胞纪念馆

北京香山饭店建于 1982 年,由美国贝聿铭建筑师事务所设计(见图 7-19、图 7-20)。北京香山饭店位于西山风景区的香山公园内,坐拥自然美景,四时景色各异,依傍皇家古迹,人文积淀厚重,水清气新,为休闲旅游佳境。饭店周边路网交通发达,五环路擦肩而过。饭店建筑独具特色,1984 年曾获美国建筑师协会荣誉奖,整座饭店凭借山势,高低错落,蜿蜒曲折,院落相间,内有 18 处景观,山石、湖水、花草、树木与白墙灰瓦的主体建筑相映成趣,饭店大厅面积达 800 余平方米,阳光透过玻璃屋顶泻洒在绿树茵茵的大厅内,明媚而舒适。整座建筑吸收了中国园林建筑特点,对轴线、空间序列及庭院的处理都显示了建筑师贝聿铭良好的中国古典建筑修养。贝聿铭说,他要帮助中国建筑师寻找一条将传统与现代相结合的道路。

图 7-19　北京香山饭店外观

图 7-20　北京香山饭店内部空间

二、现代中国建筑的建筑类型

（一）居住建筑

20 世纪 50—70 年代初，居住建筑主要为多层住宅楼，有成片的居住小区、工人新村等，也有少部分高层住宅建筑，但住宅标准极低，设备简陋，多为小厅小卧室或居室兼卧室、居室兼厨房等。80 年代后，建筑标准逐渐提高，通用设计进行改进，对家用电器的使用纳入设计考虑中。90 年代提出小康住宅计划，注重大起居室和小卧室，较大的厨房与卫生间，出现双卫生间，注重日照、防火等质量和安全的要求。作为房地产开发，公寓之外又有别墅、度假村之类的项目。大城市中高层住宅建筑日渐增多，物业管理逐渐推入社会。

20 世纪 50—70 年代，多层住宅皆为砖混结构，1966 年邢台地震、1975 年海城地震及 1976 年唐山地震，将居住建筑的抗震与安全问题提上日程，各城市按地震设防烈度设计，砖墙转角加构造柱。90 年代后，不仅高层，连多层也普遍使用钢筋混凝土框架。80 年代后，大力推广墙体改革，以淘汰黏土砖，从而减少对农业用地的破坏，空心砖成了标准砖的替代物，并由此开始了旨在追赶先进国家、保护人类环境的节能建筑设计运动。90 年代提出小康住宅计划，厨房卫生设备等级迅速提升，家庭装修与环境设计成了 90 年代后的时尚，优良的人居环境在新一代的居住区出现，建筑师的工作与亿万人民的生活质量有了最紧密的联系。

（二）工业与交通建筑

工业建筑是 20 世纪五六十年代的宠儿,其类型在近代中国工业类型上有所增加,而规模和水平则是大大拓展。"一五"至"三五"期间建设的项目,如长春第一汽车制造厂(见图 7-21)、十堰第二汽车制造厂、齐齐哈尔第一重型机器厂(见图 7-22)、洛阳轴承厂(见图 7-23)、三门峡水利枢纽(见图 7-24)等都是我国迄今为止的工业巨作。60 年代后,则在石油、化工、铁路等方面大力开拓。改革开放后,仅1994 年至 1997 年国家级建设项目便高达 601 项,并开始从工业建筑向其他领域拓展。80 年代,工业建筑出现以工业园命名的环境整洁优美、设施先进的工业区,包括专用工业建筑和通用工业厂房。

图 7-21　长春第一汽车制造厂

图 7-22　齐齐哈尔第一重型机器厂

图 7-23 洛阳轴承厂

图 7-24 三门峡水利枢纽

　　现代的交通建筑主要体现为高速公路、桥梁以及机场的建设。在 1999 年初，中国实现了"县县通公路"，沿海省份也基本实现了"乡乡通公路"，1993 年，明确了国道主干线系统的标准分为高速公路、一级和二级汽车专用公路。1988 年，全长 18.5 公里的上海至嘉定的高速公路率先通车，至 1995 年建成高速公路 2 400 公里，从此，服务站区及立交桥就成了中国 20 世纪 90 年代的重要景观。集装箱运输和欧亚大陆桥联运及水运的发展也增加了对相关建筑工程的需求。桥梁急剧增加，截至 1999 年底，长江上的大桥(不含金沙江)已从 1957 年的 1 座增至 15 座，另有 9 座在建设中。

　　航空业的快速发展促进了机场的建设。浦东国际机场建成于 1999 年，位于浦东新区滨海地带，距上海市中心约 30 公里。这里有高速公路和地铁 2 号线相通，近年来又特别增加了磁悬浮列车,交通更加方便。除了具备功能分区合理和流程简捷高效的特点外,还具有一些现代国际大型机场的特点,如开发建设具有时序性和可持续性,重视环境,航站楼具有开放性、明快性、通透性等特点。浦东国际机场一期工程总建筑面积 27.8 万平方米,主楼长 402 米,宽 12.8 米,采用前列式布局,年客流量达 2 000 万人次,共有近机位 28 个,远机位 11 个。这座建筑的艺术造型运用隐喻手法,曲面形的屋盖蕴含着大鹏展翅的形态,令人浮想联翩。在室内,承托曲面屋盖的轻巧的拉杆和支承杆,形态甚美,既是结构构件,也是装饰物(见图7-25)。

图 7-25　浦东国际机场

(三)公共建筑

20 世纪 50—70 年代,普通公共建筑在传统的领域中萎缩,这与当时的社会状况及计划经济下的低工资、低消费有关,但在特定的领域中发展,如工人俱乐部、职工食堂、毛泽东思想展览馆等。改革开放后,公共建筑类型发生了翻天覆地的变化。

1.商业建筑

在商业建筑中,上海浦东的建筑最为典型,如上海环球金融中心、金茂大厦、世界金融大厦等。世界金融大厦位于浦东新区陆家嘴路和浦东南路交汇处的西北端,基地的西、南两侧临街。主楼正对着黄浦江和外滩。这是一座以商业办公为主的综合楼,建成于 1996 年。楼高 167.8 米,地上 43 层,地下 3 层,建筑总面积达 8.8 万平方米。此建筑的主楼呈梭形,东、西两边为弧形,各设 9 间房间,加上南北两端各一间,每层共有房屋 20 间,走道中间为筒芯,设电梯、楼梯及其他设备、服务性房间等。这座建筑的外墙本来采用玻璃幕墙,后来考虑到节约能源,采用绿色镜面玻璃水平带形窗与天然花岗石制成的嵌有银色不锈钢装饰条带的窗间墙相间的处理手法进行装修,使建筑立面具有较理想的视觉效果。

2. 休憩建筑

20 世纪 20 年代至 30 年代,休憩建筑在上海等大城市已经出现。50 年代服务对象及服务目标发生改变,主要有电影院、剧院、工人文化宫等。60 年代园林也要求有物质功利目标,"树要结果、草要长药",仍是温饱阶段商品经济不发达与"左"的思想影响的结果。80 年代以后,旅游业首先作为获得外汇的"无烟工业"得到发展,至 1996 年创汇突破 100 亿美元,世界排名从 1978 年的 41 位升至第 8 位。至1995 年,我国有国家级旅游度假区 13 个,国家重点风景名胜区 3 批共 119 个,连同各地的休憩建筑,主要类型有游乐场、水上运动场、高尔夫俱乐部和练习场、跑马场、射击场、主题公园、博览会、各种特色的度假村及各种相关设施,带动了相关旅馆、博物馆、餐饮建筑的发展。

大部分休憩建筑结构并不复杂,因对艺术性、新奇性、舒适性等的追求使之成为建筑师自由发挥之地。众多的游乐项目包含着机械装置及声光、影视等活动,提高了建筑的技术含量,也要求建筑师更多地与各专业工程师配合,由此又推动了对技术美的追求。部分休憩建筑采用舞台美术技法创造视觉冲击力,但也助长了建筑创作中夸张、虚假表现的风气。

3. 信息与传媒建筑

信息与传媒建筑是 20 世纪 80 年代后随着信息业及传媒业的发展而发展的。电视是中国最重要的信息传播媒体之一,1958 年中央电视台成立,由于受电视机生产数量的制约,所以 70 年代电视才进入基层,80 年代深入普通家庭,90 年代在市场经济推动下,影视业成为新兴的第三产业。信息与传媒同建筑设计最密切合作的就是各个地区电视台及影视制作的相关建筑。上海东方明珠电视塔建成于1994 年,此塔坐落在外滩黄浦江对面的浦东新区陆家嘴,塔高 468 米,造型别致,由 11 个大小不一的球串联一体,隐含着"大珠小珠落玉盘"之意。东方明珠电视塔集电视信号发射、旅游观光、文化娱乐、购物及空中旅馆于一体。此塔有 3 根直径为 9 米的立柱,3 个空间球体两大一小,球体内空间即供上述功能所用。塔体比例适度,上下关系得当(见图 7-26)。夜间照明利用泛光照明形式,一到夜间,塔体通明,五光十色,表现出上海当今的辉煌和未来的前程似锦(见图 7-27)。

图 7-26　上海东方明珠电视塔

图 7-27　上海东方明珠电视塔夜景

4. 科教建筑

中国新时期是在努力实现"四化"的口号中开始的,并长期贯彻这一口号,科教建筑的大量出现反映了这一历史时期特点。许多建筑师在设计中,在满足新的功能要求的同时,注入现代性、地方性特征以及文化内涵。值得注意的是,科教建筑尤其是教学建筑,大多投资不足,建筑师却能深入生活,发挥创作精神,做出许多有意义的探索。在建筑类型上，也有综合化的趋势，集教学、科研和生活服务于一体。广州华南理工大学逸夫科学馆建于 1992 年，建筑面积达 7 335 平方米。主楼 5 层供教学科研实验用，副楼 2 层，为学术交流中心。建筑体量对称处理，竖向 3 段，中段为入口，两侧设现代金属雕塑，使建筑具有现代科技和现代艺术的韵味，并使中段成为建筑重点。内部庭院的设置改善了局部小气候，衬托了建筑。透空的建筑空间将庭院和外部环境打通，形成一个融合的内外环境，体现了广东园林建筑的特点（见图 7-28）。

图 7-28　广州华南理工大学逸夫科学馆

5. 大跨度建筑

大跨度建筑也是在 20 世纪 50 年代以后才发展起来的，在工业建筑、桥梁建筑取得钢结构、钢筋混凝土结构桁架设计经验的基础上，60 年代在大跨度民用建筑上取得突破。1957 年建成的半坡博物馆使用钢木屋架，跨度达到 37 米。1961 年建成的北京工人体育馆采用了净跨 94 米的辐轮式悬索结构，是当时摆脱形式束缚的少数先进建筑作品之一。1968 年，为迎接第一届新兴力量运动会而建的首都体育馆，第一次采用了平板型双向空间钢网架，跨度为 112 米×99 米，从此网架技术在国内得到推广。1979 年，秦始皇陵兵马俑坑采用 70 米跨落地钢三铰拱，则是另一次大跨度的尝试。80 年代以后，体育馆、高速公路收费站等，多是采用空间网架形式加以变化发展。90 年代后期开始，膜结构在体育、交通和展览建筑中开始使用，产生了新的视觉冲击，如天津港保税区区门（见图 7-29）。由于高强度混凝土的出现及钢结构、劲性钢筋混凝土结构的广泛应用，"肥梁胖柱"的时代结束，建筑师获得了更多的空间塑造机会。

图 7-29　天津港保税区区门

参考文献

[1]白澍钰,冉俐,李浩.中国传统文化对古代建筑物的影响[J].青春岁月,
　　2014(16).

[2]白晓东.探析现代中式建筑的设计[J].住宅与房地产,2016(9).

[3]白旭,温峻巍,孙华银.中国传统建筑技艺解析[M].北京:中国水利水电出
　　版社,2016.

[4]曹湘贵.浅谈多元文化下中国近代建筑历史见证[J].中华民居(旬刊),
　　2013(36).

[5]陈高华.元代佛教寺院赋役的演变[J].北京联合大学学报(人文社会科学
　　版),2013,11(3).

[6]陈贵洲,王志国.隋唐与明清都城建筑风格的文化内涵及其变异[J].南通
　　师范学院学报(哲学社会科学版),2001,17(3).

[7]陈凌.宋代府、州衙署建筑原则及差异探析[J].宋史研究论丛,2015(2).

[8]陈平.美术史与建筑史[J].读书,2010(3).

[9]陈奕玲.2013年魏晋南北朝史研究综述[J].中国史研究动态,2014(6).

[10]陈占山.隋唐南汉时期潮州的历史图景[J].暨南史学,2015(2).

[11]成智.历史学领域隋唐长安建筑的现代研究历程[J].城市建筑,2014
　　(12).

[12]程志永.中国传统建筑色彩风貌及启示[J].南京工程学院学报(社会科学
　　版),2016(1).

[13]崔雨文.中国近代建筑的发展与维护的分析与研究[J].城市建设理论研
　　究:电子版,2013(22).

[14]都超锋,奚江琳,孙威.中国近代建筑混合结构类型分析[J].山西建筑,
　　2016,42(35).

[15]甘思园.探析封建社会前期古典建筑发展史[J].美术大观,2016(3).

[16]顾勇新,王彤,应群勇.中国建筑业现状及发展趋势[J].工程质量,2013, 31(1).

[17]郭娟.传统纹样在明清建筑装饰中的应用[J].艺术百家,2015(s1):116— 118.

[18]郭翔宇.论我国现代建筑设计发展的趋势[J].中国建筑金属结构,2013 (36).

[19]黄强.魏晋南北朝佛寺建筑[J].农村青少年科学探究,2017(Z1).

[20]黄瑜,罗涛,纳剑峰.当前住宅建筑设计分析与研究[J].中国新技术新产 品,2011(4).

[21]霍美旭.浅析明清建筑设计中的文化与艺术[J].文艺生活·下旬刊,2017 (6).

[22]赖德霖,伍江,徐苏斌."中国""近代""建筑""史"题解[J].时代建筑,2016 (6).

[23]赖德霖.中国近代思想史与建筑史学史[M].北京:中国建筑工业出版 社,2016.

[24]乐嘉藻.中国建筑史[M].北京:中国文史出版社,2016.

[25]冷德平.关于建筑空间组合的分析[J].门窗,2014(12).

[26]李改英.论中国现代建筑中的建筑传统文化[J].城市建设理论研究,2013 (10).

[27]李佳祺.浅析中国传统建筑古今传承——以斗栱为例[J].绿色环保建材, 2016(12).

[28]李少林.中国建筑史[M].呼和浩特:内蒙古人民出版社,2006.

[29]李婷婷.浅析中国现代建筑的发展及其演变[J].建筑工程技术与设计, 2014(25).

[30]李相思.宋代斗拱的特点与结构分析[J].大众文艺,2016(4).

[31]李延龄.建筑设计原理[M].北京:中国建筑工业出版社,2011.

[32]李妍.明清民间建筑的风格特色形成的因素研究探析[J].大观,2015(4).

[33]李云峰.现代住宅建筑设计中的问题与趋势分析[J].中国新技术新产品, 2010(4).

[34]刘畅.壁画在中国现代建筑设计中的应用初探[J].新西部(旬刊),2014 (22).

[35]刘敦桢.中国古代建筑史[M].北京:中国建筑工业出版社,2005.

[36]刘明昊.浅析我国建筑经济问题及成因[J].建筑工程技术与设计,2016
(1).

[37]刘声远.试析中国现代建筑的发展趋势[J].美术大观,2013(1).

[38]刘婷婷.隋唐建筑艺术对当代东方建筑的影响[J].艺术品鉴,2016(4).

[39]刘瑶.中国现代住宅综述[J].文艺生活·文艺理论,2014(5).

[40]娄宇.中外建筑史[M].武汉:武汉理工大学出版社,2010.

[41]卢端芳.想象现代——反思中国近现代建筑史[J].新建筑,2016(5).

[42]吕琛.明清建筑的建筑符号浅析[J].智能城市,2016(9).

[43]马孟龙.秦汉史[M].上海:上海人民出版社,2015.

[44]马睿.浅谈中国现代建筑与传统文化[J].环球人文地理,2015(22).

[45]马志刚.浅谈中国现代建筑的传统文脉[J].大众文艺,2013(17).

[46]缪昌铅,王体俊,曹西,等.中国近代建筑的发展及对当代的意义[J].中华
民居(旬刊),2013(6).

[47]潘谷西.中国建筑史[M].7版.北京:中国建筑工业出版社,2015.

[48]齐英杰,杨春梅,赵越.中国古代木结构建筑发展概况——原始社会时期
中国木结构建筑的发展概况[J].林业机械与木工设备,2011,39(9).

[49]沈福熙.中国建筑史[M].上海:上海人民美术出版社,2015.

[50]水天.明清两代高等级建筑物屋顶装饰[J].工会信息,2017(2).

[51]宋文,肖洋.中国古代土木建筑形制演变之源与流[J].艺术与设计:理论,
2016(11).

[52]苏全有,崔海港.中国近代建筑史研究视角述评[J].河南城建学院学报,
2013,22(3).

[53]汤艳杰.试论明清建筑中的歇山顶[J].重庆建筑,2017(9).

[54]涂天丽,罗晓欢.川东、川北地区明清墓葬建筑艺术[J].寻根,2016(4).

[55]王爱之.世界现代建筑史[M].北京:中国建筑工业出版社,2012.

[56]王俊.中国古代建筑[M].北京:中国商业出版社,2015.

[57]王小璐.传统建筑空间对现代建筑设计的启示[J].江西建材,2016(11).

[58]王晓帅.刍议中国古建筑的构造与形式[J].中国化工贸易,2014,6(8).

[59]王洋.浅谈中国近代建筑发展的主线与分期[J].房地产导刊,2016(27).

[60]王作文.房屋建筑学[M].北京:化学工业出版社,2011.

[61]王作文.建筑工程施工与组织[M].西安:西安交通大学出版社,2014.

[62]王作文.建筑室内设计原理与实践探究[M].上海:上海交通大学出版社,

2017.

［63］王作文.建筑装饰工程项目分析与实践探究［M］.北京：中国原子能出版社，2015.

［64］王作文.土木建筑工程概论［M］.北京：化学工业出版社，2012.

［65］王作文.现代建筑施工技术与管理研究［M］.北京：中国水利水电出版社，2017.

［66］吴明珠.论现代中国建筑的创作思想［J］.科技信息（学术版），2008(7).

［67］吴薇.中外建筑史［M］.北京：北京大学出版社，2014.

［68］吴玺.中国近代建筑中"复古"现象重读——复杂背景下的"现代化"尝试［J］.城市建设理论研究：电子版，2013(15).

［69］伍胜斌.浅析从传统民居看中国现代建筑设计［J］.工程技术（全文版），2016(12).

［70］谢青.浅谈中国现代建筑的特点［J］.城市建设理论研究，2014(19).

［71］熊芳.浅析中国传统建筑［J］.美术教育研究，2015(2).

［72］徐跃东.图解中国建筑史［M］.北京：中国电力出版社，2008.

［73］薛水生.中国古代建筑屋顶装饰文化［J］.美术大观，2015(1).

［74］袁晓强.试论古建筑技术史研究的"节点"［J］.工程技术（全文版），2017(1).

［75］袁新华，焦涛.中外建筑史［M］.2版.北京：北京大学出版社，2014.

［76］曾苗，楼尚.明清古祠堂建筑结构文化及功能角色研究［J］.建筑工程技术与设计，2015(6).

［77］张超，陈彦百.木结构建筑的样式演变［J］.山西建筑，2017(26).

［78］张军.传统习俗的建筑设计应用［J］.四川水泥，2016(4).

［79］张守连，许亮.浅析中国古代建筑的三种境界［J］.北京建筑工程学院学报，2016，32(1).

［80］张葳，陈梦.宋代建筑的屋顶浅析［J］.现代装饰：理论，2017(1).

［81］张翕.中国近代建筑史研究的文化视野［J］.城市建设理论研究，2016(11).

［82］张雪菲.建筑文化与地域性［J］.门窗，2015(7).

［83］张悦.小议中国现代建筑中的古典元素［J］.城市建设理论研究，2013(10).

［84］张智桐.明清时期中国古建筑鸱吻的设计学探究［J］.设计，2017(15).

[85]赵国栋,赵国良. 浅谈中国古代建筑——魏晋南北朝时期[J]. 四川水泥,
　　2016(4).

[86]钟晓青. 魏晋南北朝时期的都城与建筑[J]. 美术大观,2015(8).

[87]邹德侬,戴路. 中国现代建筑史[M]. 北京:中国建筑工业出版社,2010.